本書の構成

構　　成	
教科書の整理	教科書のポイントをわかりやすく整理し、**重要語句**をピックアップしています。日常の学習やテスト前の復習に活用してください。 発展的な学習の箇所には 発展 の表示を入れています。
探究・資料学習のガイド	教科書の「**探究**」や「**資料学習**」を行う際の留意点や結果の例、考察に参考となる事項を解説しています。準備やまとめに活用してください。
問のガイド 考えようのガイド 部末問題のガイド	教科書の「**問**」や「**考えよう**」、「**部末問題**」を解く上での重要事項や着眼点を示しています。解答の指針は **ポイント** に、解法は **解き方** を参照して、自分で解いてみてください。

⚠️**ここに注意** … 間違いやすいことや誤解しやすいことの注意を促しています。

👀**もっと詳しく** … 解説をさらに詳しく補足しています。

📖**テストに出る** … 定期テストで問われやすい内容を示しています。

思考力UP↑ … 実験結果や与えられた問題を考える上でのポイントを示しています。

表現力UP↑ … グラフや図に表すときのポイントを扱っています。

読解力UP↑ … 文章の読み取り方のポイントを扱っています。

目 次

序章　探究の進め方

教科書 p.10〜15

教科書の整理

①**探究とは**　生物現象に関する基本的な原理や法則性を理解するだけではなく，身の回りの生物現象に関心をもち，観察や実験などを通して，科学的に考えることが大切である。

・探究では，仮説を立てることが重要である。

・**仮説**：身の回りの事象への疑問から設定した課題に対する「答えの予想」。探究では，仮説が事実に合うかどうかを様々な方法を用いて検証する。

　・答えの予想であるため，それが事実に合っているのか，事実に反しているのか，探究を進める前にはわからない。

　・一般には"○○は××である"と断定的に述べる。仮説を立てることによって，明らかにしたいポイントを明確にし，行うべき観察・実験や探究の方向性を定めることができる。

⚠ここに注意
実験や観察の結果が予想した内容と異なった場合，その理由について考えることが大切である。

教科書 p.10　発展　研究活動の事例

　細胞が自身の成分を分解する現象(オートファジー)のしくみに関する理解は長い間進んでいなかった。大隅良典博士は「液胞にはタンパク質を分解する働きがある」と仮説を立て，探究し，それが正しいという研究成果を公表した。

②**私たちの探究**　ある事象を理科的な見方・考え方でとらえ，科学的に課題を解決するためには，科学的に探究できる力が必要である。

・科学的な探究は，課題の設定，仮説の設定，検証計画の立案，観察・実験の実施，結果の処理，考察・推論，表現・伝達，新たな課題の発見などの段階がある。

・**自然事象に対する気付き**：事象を観察し，そこから関係性や傾向を見いだし，疑問をもつ。自然現象をよく観察すると，疑問が生まれる。→疑問を積極的に生み出すことで気付きが生まれやすい。比較するのもひとつの方法である。

　・5W1H を活用する方法：「何が(Who)」「何を(What)」

「いつ（When）」「どこで（Where）」「なぜ（Why）」「どのように（How）」のパターンで疑問を考える。

・**課題の設定**：科学的に検証可能な課題を設定する。疑問が課題設定のきっかけになる。①その疑問が解決された場合に社会へ与える利点，②具体的で実行可能な方法で検証できるか，③客観的なデータから検証できる科学的な疑問であるかを考えながら設定→自分が抱いた疑問についてすでに研究されているかどうかを，書籍やインターネットで調べる。

　・**先行研究**：他者によりすでに明らかにされ，まとめられたもの

・**仮説の設定と検証計画の立案**：課題に対しての答えを予想し，仮説を設定する。その仮説は，どのような観察や実験を行えば証明できるのかを考えて観察・実験を計画→観察・実験から得られる結果から，立てた仮説が論理的に検証できるかを見通す。使える設備や時間なども考慮し，観察・実験が実行可能かも考え，仮説と検証計画を練り直す。

　・**仮説を設定する方法**：可能なら定量データで結果を記録できるように検証計画を立案する。

　　・**定性データ**：葉の形や葉のつき方などの，数値で表すことが難しいデータ

　　・**定量データ**：質量や長さ，回数などの，数値で表せるデータ

・**観察・実験の実施**：観察・実験を実行する。1回行えばよいというものではなく，同じ方法で観察・実験を繰り返し，同じ結果が再現されることを確認する。自分だけでなく，ほかの人がその方法で観察・実験をやっても，同じ結果が得られること（再現性）が大切である。

　・**再現性**：他者が同じ方法で観察・実験をやっても同じ結果が得られること

　・**対照実験**：調べたい条件以外を同じにした実験。調べたい実験の結果と，対照実験の結果を比較することで，調べたい条件がどのような影響をもつのかを調べることができる。例えば，仮説「水は種子の発芽に必要である」を検証する

もっと詳しく

例えば，タンポポの花の開閉について調べる場合は，花の開閉の度合いを花弁の角度で測定し，時刻・照度・湿度・温度などの条件を計測しておけば，角度とそれらの条件を数値で比較することができ，花弁の開閉に関係している要因を特定しやすくなる。

教科書の整理　序章

場合，「水をあたえると種子が発芽すること」を確認する
だけではなく，対照実験「水をあたえないと種子は発芽し
ないこと」を確認し，その結果を比較する必要がある。

・**結果の処理**：結果を処理する。グラフや図を利用してわかり
やすくまとめる。記憶は変化するため，そのときその場で正
確な記録をするように心がける。

・メモを取る，スケッチをする他にも，動画や写真を撮るな
どの記録の方法もある。
・気温，天候など，観察・実験の際の条件も詳しく記録
・一度記録した内容は後日消したり，かきかえたりしない。
・得られた結果はグラフや表にまとめるとわかりやすい。

・**考察・推論**：仮説の妥当性を検討する。観察・実験の結果を
分析・解釈する。得られた結果から論理的に仮説を説明でき
るかどうかを考える。→得られた結果が仮説と整合していな
い場合は，次のように対処する。

観察・実験に不備があった場合→観察・実験の方法のどこを
　改めてやり直せばよいかを考える。

仮説を考え直す必要がある場合→課題を説明できる仮説が他
　にはないかを考え直し，新しい仮説を立て，それを検証す
　るためにはどんな観察・実験をすればよいかを考える。

・**表現・伝達**：発表したり，レポートにまとめる。発表にはプ
レゼンテーション，ポスター発表，報告書の作成がある。

・いずれの場合も，誰に対して，何を伝えるのかを明確にし
た上でまとめる。
・自分の研究を伝え，意見を聞くことは，研究を進めるため
にも大切な活動である。→発表に対する質問やアドバイス
は，メモを取って記録すると，研究を振り返り，次の研究
へ発展させる上で重要な資料となる。
・実験は必ずしも成功するとは限らない。失敗したとしても，
失敗からは学ぶことが多い。

・**次の探究の過程へ**：探究の全体を振り返り，次の探究につな
げる。探究の成果から，新たに生じた課題や，社会や学術面
への貢献を考える。

⚠ここに注意
生命を尊重し，そまつに扱わない配慮も大切である。

もっと詳しく
探究の経過は，図や文字でこまめに記録を取ることが大切である。記録は様々な場面で役立つ。

もっと詳しく
ひとつの仮説が確認されたり，その仮説では説明できない事象が確認されたりすると，新しい疑問や課題が生じてくる。

→それらを踏まえて，新たな探究へ発展させることもできる。

・**報告書の作成のポイント**：報告書は研究発表と考察を公表するもの。他人が報告書通りに追試実験を行っても同様の結論を導き出すことができるよう，わかりやすく，要点を簡潔に整理し，正確に記載する。実験や観察によって多少の違いがあるが，一般的には次の例のような手順でかく。

実験（探究活動）題目

報告書作成日　　年　　月　　日

報告者＿＿＿＿＿＿＿＿

共同実験者＿＿＿＿＿＿＿＿

概要
・この報告書の要旨として，研究内容を簡潔にまとめる。
・取り組んだ探究の内容や主な結果を簡潔にまとめる。

① **目的（または仮説の設定）**
・実験・調査の目的や，選んだ課題の重要性をかく。
・検証しようとする仮説をかく。

② **方法（または，材料・器具・薬品・手順）**
・使用した材料名，器具名や使用した薬品名をかく。
・実験の手順や処理方法など簡潔にかく。

③ **実験の結果**
・実験日時と気温，湿度，天気など，必要に応じて実験条件をかく。
・実験経過や結果，想定データなどを，図や表，グラフ，写真などを活用してわかりやすくかく。

④ **考察**
・仮説や先行研究に照らして実験結果がどのように解釈できるか，実験の信頼性，仮説の判定，新たに出てきた疑問や推理などをかく。
・仮説の誤りや不備が判明することもある。間違っていた仮説はすて，不備のある仮説は修正する。

⑤ **結論**
・目的に対して，実験でわかったことや，結果から類推できることを簡潔にまとめる。

⑥ **参考文献**
・実験や報告書の中で，参考にした書籍名や論文と参照したページ数などをかく。
・インターネットで調べた場合は，そのURLなどと調べた日時もかく。

⚠ここに注意

実験の結果の項目では実験で得られた事実だけをかくようにする。仮説の判定や結果から類推できることは，考察の項目にかく。

・**研究発表のポイント**：聞く人の立場に立ってわかりやすくまとめることが大切である。以下に注意する。

・コンピュータのプレゼンテーションソフトを利用した発表も，ポスター発表も，図や写真やグラフを使い，簡潔な表現でわかりやすく展開する。

・事前にリハーサルを行い，時間内におさまるようにする。

・第三者にわかりにくい点などを指摘してもらい，内容を修正する。

・質問や反論は落ち着いて聞き，丁寧に答える。

探究・資料学習のガイド

探究・資料学習のガイド

資料1 顕微鏡の使い方

①**拡大倍率**　接眼レンズの倍率×対物レンズの倍率を計算して
　求める。

　例　接眼レンズ(10倍)で，対物レンズ(4 倍)のとき，

　　10×4＝40 倍になる。

②**顕微鏡の視野と明るさの調節**　高倍率にすると低倍率よりも
　見える範囲は狭くなり，暗くなる。

・高倍率にすると対物レンズとプレパラートは近くなる。

③**プレパラートの動かし方**　見たいものを動かしたい向きと逆
　向きにプレパラートを動かす。

> **⚠ここに注意**
>
> 顕微鏡では上
> 下左右が逆に
> なって見える。
> ただし上下は
> そのままで左
> 右のみ反転す
> るものもある
> ので要注意。

資料2 プレパラートのつくり方

①プレパラートのつくり方

❶　スライドガラスの上に試料
をのせ，その上に水または染
色液を1滴落とす。

スライドガラス

❷　カバーガラスの端を水ま
たは染色液につけ，気泡が
入らないように静かにカバ
ーガラスをおろす。

カバーガラス

柄つき針

❸　余分な水分や染色液は，
ろ紙で吸い取る。

ろ紙

②**固　定**　薬品などを用いて細胞の変化を止め，生きていたと
　きに近い状態で細胞を保存する処理。生きたままの細胞を観
　察したいときは，固定は行わない。

・固定液の例としては，エタノールや酢酸がある。

③**解　離**　薬品などを用いて細胞どうしの接着をゆるめたうえ
　で，力を加えて細胞をばらばらに離すこと。多数の細胞が密
　集し重なり合っていると観察しにくいので，解離を行う。

・解離に使う薬品の例としては，塩酸がある。

④**染　色**　細胞を観察しやすくするため，観察したい部分だけ
　が染まるような染色液を選び，着色する操作

・染色液の例としては，酢酸オルセイン，酢酸カーミン，メチ
　ルグリーン，ピロニン，ヤヌスグリーンがある。

・試料によって，調整の仕方が異なる。薄い試料：ピンセット

> **👀もっと詳しく**
>
> メチルグリー
> ンは DNA，
> ピロニンは
> RNA，ヤヌ
> スグリーンは
> ミトコンドリ
> アの染色に用
> いる。

ではがす，かたい試料：薄く切る，やわらかい試料：カバーガラスの上にろ紙をかけ，親指で押しつぶす。

資料3 スケッチの方法

・スケッチが小さくならないように気をつける。
・よく削った鉛筆などを用いて，細い線と小さな点ではっきりとかく。
・構造物の個数も正確にかく。
・濃淡は点の密度で表し，塗りつぶさない。
・陰影を表そうとして，実際に存在しない線をかかない。
・観察したときの日時や気づいたことなどを記録するとよい。
・顕鏡像のスケッチでは，顕微鏡をのぞきながらスケッチができるようになると，より正確に結果を記録できる。

資料4 ミクロメーターによる測定

①ミクロメーター　顕微鏡で細胞などの大きさを測定するときに用いる。**接眼ミクロメーター**(接眼レンズ内に入れる)と，**対物ミクロメーター**(スライドガラスに目盛りがかかれていて，1目盛りは 10 μm である)がある。

②ミクロメーターの使い方

❶　接眼ミクロメーターと対物ミクロメーターをセットし，ピントを合わせる。

❷　接眼ミクロメーター1目盛りの大きさを求める。

・接眼ミクロメーターを回し，両ミクロメーターの目盛りが重なっている所を2か所探し，その間の目盛りの数をそれぞれ数える。

接眼ミクロメーターの1目盛りの長さ〔μm〕

$$= \frac{\text{対物ミクロメーターの目盛りの数}\times 10\,\mu\text{m}}{\text{接眼ミクロメーターの目盛りの数}}$$

❸　試料の大きさを求める。

・対物ミクロメーターを外し，かわりに観察するプレパラートを置いて，同倍率で計測する。

・対物レンズを変えて異なる倍率で計測する場合は，あらかじめ，接眼ミクロメーターの1目盛りの長さを，それぞれの倍率で測定しておく。

⚠ **ここに注意**

輪郭を表す線は閉じ，線を二重にしたりしない。関係がないものはかかない。

👀👀**もっと詳しく**

マイクロメートル〔μm〕は 100 万分の1メートル，ナノメートル〔nm〕は 10 億分の1メートル。

探究・資料学習のガイド

教科書 p.21 **資料学習 顕微鏡とミクロメーターの使い方**

1. 顕微鏡の操作

(1) 酢酸オルセインや酢酸カーミンで染色すると，核を観察しやすくなる。染色せずにそのまま観察するときは，しぼりをしぼって試料のコントラストを強めると，核の輪郭を見ることができる。

(2) (a) 接眼レンズを回したときにゴミが動くようであれば，接眼レンズについたゴミである。

　　(b) 調節ねじを回して対物レンズとプレパラートの距離を変化させたときにゴミが見えなくなったり，プレパラートをずらしたときにゴミが移動したりするようであれば，プレパラートについたゴミである。

　　(c) レボルバーを回して対物レンズを切り替えたときにゴミが見えなくなるようであれば，対物レンズについたゴミである。

(3) Xの部分では細胞が重なっているから。

(4) (a) 低倍率の方が明るく見える。

　　(b) 低倍率の方が広範囲に見える。

　　(c) 試料全体を見るのには，低倍率の方が適していて，操作が容易である。

2. ミクロメーターによる測定

教科書 p.21 の図Aの MN 間は，対物ミクロメーターでは 3 目盛り，接眼ミクロメーターでは 5 目盛りなので，接眼ミクロメーターの 1 目盛りの長さは，

$$\frac{3\,目盛り \times 10\,\mu m}{5\,目盛り} = 6\,\mu m$$

教科書 p.21 の図Bの花粉の直径は，接眼ミクロメーターの 8 目盛りにあたるので，

8 目盛り×6 μm＝48 μm

3. 視野の広さと倍率

左右，上下の長さがそれぞれ $\frac{400}{100} = 4$ 倍になるので，右の図のようになる。

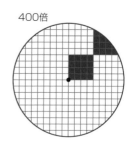

400倍

第1部　生物の特徴

第1章　生物の特徴

教科書の整理

第❶節　生物の共通性と多様性

教科書 p.24〜43

①**生物の多様性**　多様な環境に多様な生物がすんでいる。体の大きさも多様である。

②**種**　生物を分類する基本単位であり，共通の特徴をもった個体の集まり。かけ合わせして生殖能力のある子を残すことができる集団

・現在，名前がつけられて，他のものと区別されている生物は，約 190 万種存在する。

A　生物がもつ特徴

①**生物の共通性**　生物は共通の特徴をもつ。

■**体が細胞でできている**

・細胞は細胞膜によって外界から隔てられ，細胞の内部を，外界からほぼ独立した状態に保つことができる。

・細胞内に必要な物質を保持できる。

・細胞膜は，細胞の内外での物質のやりとりを行う。

■**親から遺伝物質として DNA を受け継ぐ**

・遺伝において親から子へと直接伝わるのは DNA という遺伝物質である。

・DNA に含まれている遺伝情報をもとにして，新たに子の体がつくられる。

■**生命活動のためにエネルギーを利用する**

・植物は光エネルギーを用いて有機物をつくり，動物は他の生物がつくった有機物を利用して，エネルギーを得ている。

■**体内の状態を一定に保つ**

・生物は外部環境が変化しても，体内の状態をほぼ一定に保つ

もっと詳しく

すむ環境が多様なことが，生物が多様になった原因と考えられる。

もっと詳しく

生物の共通の祖先は，単細胞生物だったと考えられている。

しくみをもつ。

■**外界からの刺激を受けとり，反応する**

・動物は眼や耳などの感覚器官をもち，刺激に敏感に反応する。

・植物も光などの刺激に反応する。

■**進化する**

・親から子へと世代を経るにしたがって，新しい生物の種が生じることがある。

・進化の結果，現在の多様な生物種が出現した。

・進化：生物が世代を重ねる間に形質が変化していくこと

②**系統樹**　多様な生物が共通の祖先から進化して生じてきたことを，枝分かれした樹木のように示したもの

・**系統**：生物が進化してきた経路と，それにもとづく生物の類縁関係。系統は，形態・細胞の構造・体を構成する物質・DNAの塩基配列などを比較することで推定できる。

③**共通性の由来**　現在生きているすべての生物は，次のような共通の特徴をもっている。

　・体が細胞からできている。

　・遺伝物質としてDNAをもち，自己複製をする。

　・エネルギーの受け渡しの仲立ちをする物質としてATPをもつ。

　・タンパク質をつくるアミノ酸の種類が共通している。

・すべての生物がこのような共通の特徴をもつのは，すべての生物が共通の祖先に由来しているからである。

・生物の共通の祖先は，体が1個の細胞でできた単細胞生物だったと考えられている。

・最初の生物は核をもたない**原核生物**とされ，そこから核をもつ**真核生物**が進化した。

・初期の真核生物は単細胞だったが，そこから体が多数の細胞でできている多細胞生物が進化した。

・動物や植物は多細胞生物である。

発展 分子系統樹：DNAの塩基配列やタンパク質のアミノ酸配列などに見られる違いをもとに生物の分類と系統を推定する方法によって，つくられた系統樹

もっと詳しく
最初の生物は核をもたない原核生物の仲間とされ，そこから核をもつ真核生物が進化した。

B 細胞と生物

・**細胞**：生物の体をつくる基本単位。細胞にも共通性と多様性が見られる。

①**細胞の発見**　1665 年，フックがコルクの切片を顕微鏡で観察し，多くの小さな部屋に分かれた構造を発見し，細胞(cell)と名付けた。

・**細胞説**：「細胞が生物体をつくる基本単位である」という考え方。1838 年にシュライデンが植物について，1839 年にシュワンが動物について提唱した。さらに，1855 年にフィルヒョーが「すべての細胞は細胞から生じる」と唱え，細胞説が認められていった。

②**多様な細胞の大きさ**　細胞には，様々な形と大きさがある。

・ヒトの血液中のリンパ球は球形であるが，赤血球は中央がくぼんだ円盤形

・神経細胞の中には長さが 1 m に達するものもある。

・細菌の体は，小形の細胞 1 個からできている。

> **もっと詳しく**
> フックが観察したのは内容物を失った細胞壁であったが，「細胞」の名称は定着した。

教科書 p.31　**参考　顕微鏡の発達**

・顕微鏡の性能が改良され，細胞を観察する技術も発達してきた。

・レーウェンフックは，手製の顕微鏡を使い，細菌や精子などを観察し，スケッチを残した。

・現在の光学顕微鏡で識別できる 2 点間の最小の距離(分解能)は 0.2 μm ほどで，細胞内部の微細な構造は見ることができない。

・1933 年にルスカは電子顕微鏡を開発した。現在の電子顕微鏡の分解能は 0.1〜0.2 nm 程度となり，細胞内部の微細な構造も観察できるようになった。

---

③**単細胞生物と多細胞生物**

・**単細胞生物**：体が 1 個の細胞からできている生物。食物の取り込みと分解・水分の調節・排出・運動などの働きを，すべて 1 つの細胞で行っている。乳酸菌や酵母，長さ 200 μm ほどのゾウリムシや直径 10 μm ほどのクラミドモナスなどがある。

・**多細胞生物**：形や働きの異なる多数の細胞が集まって体ができている生物。ヒドラのように単純な構造のものから，ヒト

のように複雑なものまで存在する。

④組織と器官

・**組織**：形や働きの似た細胞が集まって構成される。
・**器官**：組織が組み合わさって構成される。
・植物の体には，根・茎・葉などの器官がある。例えば，葉という器官の表面は表皮組織で覆われ，葉脈には道管や師管という組織がある。道管は根で吸収した水や養分を運び，師管は主に葉でつくられた有機物を運ぶ。
・動物の体にも，心臓や眼など，多数の器官がある。
  ・上皮組織：体の表面や器官の表面にあり，体や器官の境界となる。
  ・結合組織：様々な組織と組織の間にあり，組織を支えたり結びつけたりする。
  ・筋組織：体を動かす筋肉を構成する。
  ・神経組織：動物体内のすばやい情報伝達に働く。

C 細胞の構造

細胞は，大きさや形は多様であるが，共通性がある。

①**真核細胞と原核細胞**　細胞には真核細胞と原核細胞がある。
・**真核細胞**：細胞内に核をもつ細胞
・**原核細胞**：細胞内に核をもたない細胞
・**真核生物**：真核細胞からなる生物
・**原核生物**：原核細胞からなる生物
  例　大腸菌，シアノバクテリア
・すべての細胞は，**細胞膜**と**細胞膜基質**（**サイトゾル**）をもち，遺伝物質として DNA をもつ。
・細胞は，細胞膜に包まれて周囲から独立したまとまりをつくっている。
・真核細胞の DNA は核の中に含まれ，原核細胞の DNA は細胞質基質の中に存在する。
・**細胞小器官**：真核細胞の内部に存在する核や葉緑体など，特定の働きをする構造体
・**細胞質**：真核細胞の細胞膜と，その内部の核以外の部分
・**細胞膜基質**（**サイトゾル**）：細胞質のうち，細胞膜と細胞小器

⚠ここに注意

細胞膜は細胞質に含まれるが，細胞壁は含まれない。

官を除いた部分

・細胞質流動(原形質流動)：細胞の内部が流れるように動く現象。オオカナダモの葉の細胞を観察すると，葉緑体が流れるように動いているのが見える。

②**細胞膜**　厚さが約5〜10 nmの薄い膜。細胞内部を外界から仕切る働きをしている。細胞質の最外層でもある。

| 発展 |**脂質二重層**：細胞膜の主成分の1つであるリン脂質が，水になじみやすい性質(親水性)の部分(リン酸)を外側に，水になじみにくい性質(疎水性)の部分(脂質)を内側にして並んだ細胞膜の構造。タンパク質が埋め込まれており，これらのタンパク質が特定の物質を選択的に透過させるなど，様々な働きをしている。

③**細胞壁**　植物，菌類，細菌の細胞膜の外側に存在する構造

・動物細胞には見られない。

・植物細胞の場合，セルロースを主成分とし，細胞質の保護や，細胞の形の保持に役立っている。

| ⚠ここに注意 |
細胞膜と細胞質基質はすべての細胞に共通して存在する。

| 🐛もっと詳しく |
核と細胞質を合わせて原形質という。

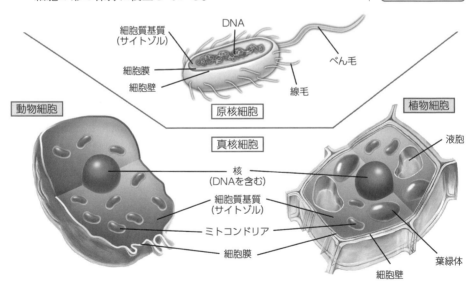

④**核**　真核細胞には，普通1個ある。球形で最外層は**核膜**といわれる膜で包まれ，中に**染色体**がある。

・酢酸カーミンや酢酸オルセインなどの染色液で染まる。

・染色体の主な成分は DNA とタンパク質である。

・染色体は細胞分裂の進行に伴って形状が変化する。

教科書 p.36 ✐ 参考 核の働きを調べる実験

・アメーバを，核を含む部分と含まない部分とに切り分けると，有核片は生き続けて増殖するが，無核片はやがて死んでしまう。また，ヒトの血液中の細胞のうち，無核の赤血球は分裂しないが，有核の白血球は分裂できる。

→核は細胞の生存と増殖に必要である。

・単細胞生物のカサノリの実験から，カサノリの仮根にある核には，かさの形を決める働きがあることがわかる。

---

⑤**ミトコンドリア** 細胞の呼吸に関わる細胞小器官。酸素を使って有機物を分解し，エネルギーを取り出している。

・長さ 1〜10 μm の粒状または糸状をしており，核の DNA とは別に独自の DNA をもっている。

⑥**葉緑体** 植物細胞に存在し，光合成を行う細胞小器官。緑色の色素**クロロフィル**を含み，光エネルギーを吸収して，二酸化炭素と水からデンプンなどの有機物を合成する。

・直径 5〜10 μm の凸レンズ型をしており，ミトコンドリアと同様，独自の DNA をもっている。

⑦**液 胞** 植物細胞で発達している。膜で包まれており，内部は細胞液で満たされている。液胞が水分を吸収して大きくなることにより，植物細胞は大きくなる。

・細胞液には糖や無機塩類などが含まれ，アントシアンなどの色素を含むものもある。

・水分量の調節や老廃物の貯蔵を行う。

> **🔍🔍もっと詳しく**
>
> 葉緑体と，白色体(根などの白い部分の細胞に多い)や有色体(花弁の細胞などにある)をまとめて色素体という。

教科書 **p.38**　**発 展**　電子顕微鏡で見る細胞の構造

①**核**　最外層の二重の膜からなる核膜には**核膜孔**があり，核膜孔を通じて細胞質との間で物質が出入りする。核内には染色体や 1〜数個の**核小体**がある。

②**小胞体**　一重の膜からなり，表面に小さな粒状の**リボソーム**がついた**粗面小胞体**と，ついていない**滑面小胞体**がある。

③**リボソーム**　タンパク質の合成の場。合成されたタンパク質は小胞体内に入った後，くびれてできた小胞により，ゴルジ体に運ばれる。

④**ゴルジ体**　一重の膜からなる平らな袋を重ねた構造をしている。細胞外へ分泌される物質は，小胞体からゴルジ体を通って細胞膜に輸送される。

⑤**中心体**　動物細胞で見られ，細胞分裂の際の染色体の移動に関わる。

⑥**葉緑体**　外膜と内膜の二重の膜がある。

・内部には，平たい袋状の**チラコイド**(クロロフィルがあり，光エネルギーを吸収する)とその間を埋めている**ストロマ**(二酸化炭素から有機物をつくる反応が起こる)の部分があり，チラコイドが重なった構造を**グラナ**という。

・独自の DNA をもつ。

⑦**細胞骨格**　細胞質基質に広がる繊維状の構造。細胞小器官の移動，細胞の変形や形の維持に関係している。細胞質流動で葉緑体が動くのは，細胞骨格上を移動しているためである。細胞分裂の際の染色体の移動，べん毛・繊毛の形成にも関わる。

⑧**ミトコンドリア**　外膜と内膜の二重の膜がある。

・内膜はひだ状に折りたたまれ，内部に向かって突出した構造を**クリステ**，内膜に囲まれた内部を**マトリックス**という。

・酸素を使って有機物を分解して，エネルギーを取り出し，ATP を合成する。

・独自の DNA をもつ。

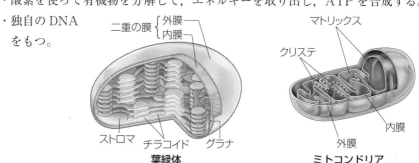

葉緑体　　　　ミトコンドリア

教科書 p.40　発展　エキソサイトーシスとエンドサイトーシス

・細胞は，細胞の外へ物質を放出したり，細胞の中へ物質を取り入れたりする。
・エキソサイトーシス：小胞の膜が細胞膜と融合することにより小胞内の物質が細胞外に放出されること。細胞が合成した消化酵素の分泌，ホルモンの分泌もエキソサイトーシスによる。
・エンドサイトーシス：細胞膜にくぼみができ，細胞膜から離れ，小胞ができることにより，細胞が物質を取り込むこと。細胞膜の表面に結合した物質も取り込まれる。

教科書 p.40　発展　細胞分画法

・細胞分画法：細胞を細かく破砕し，細胞小器官を分ける技術
・微細な細胞小器官の働きの研究に，大きな役割を果たした。
・細胞破砕液に遠心力をかけて，上澄みと沈殿物に分ける。→その上澄みにさらに強い遠心力をかけて，遠心分離を行う。→これを繰り返して，目的とする細胞小器官を分けていく。→分画ごとに特徴を研究することができる。

⑧**原核細胞**　一般に真核細胞より小さく，細胞小器官をもたない。
・DNA は核膜に包まれておらず，細胞質基質の中に存在する。
・細胞壁で覆われている。細菌の細胞壁は，植物の細胞壁とは，その成分が全く異なる。構造に対して細胞壁という言葉が使われている。
・線毛やべん毛をもつものもある。
・細胞膜で包まれている点や遺伝物質として DNA をもつ点は，真核細胞と共通である。
・原核細胞でできている原核生物の中には，細菌とアーキア（古細菌）がある。
　・細菌には，食中毒の原因となるもの（黄色ブドウ球菌など）や，食品の製造に利用されているもの（乳酸菌や納豆菌など）もある。
　・細菌には，シアノバクテリアのように，光合成を行うものもある。

⚠ ここに注意
原核生物の中には，イシクラゲのように，多数の細胞からなり，肉眼で見えるものもいる。

・アーキアには，温泉にすむ超好熱菌などがある。

原核細胞と真核細胞の比較（一般に存在する○，しない×）

構造＼細胞	原核細胞	真核細胞	
		動物細胞	植物細胞
DNA	○	○	○
核膜	×	○	○
細胞膜	○	○	○
細胞壁	○	×	○
ミトコンドリア	×	○	○
葉緑体	×	×	○
発展 リボソーム	○	○	○

リボソームは，小さな粒状の構造であり，タンパク質の合成に関わる。

■テストに出る
原核細胞，真核細胞に存在するもの，しないものを整理しておこう。

教科書の整理　第 1 章

教科書 p.42　参考　ウイルス

・ウイルスは，タンパク質などでできた殻の中に遺伝物質（DNA か RNA）が入った構造をもつ。

・大きさは，細菌より小さい。

・遺伝情報をもとにして増殖する点では生物と共通であるが，生物に共通して見られる細胞という構造がない。
　→生物と無生物の中間に位置すると考えられている。

・自力で増殖することはできず，特定の生物の細胞に侵入し，その細胞の物質を利用して増殖する。

・他の生物の細胞に感染し，増殖して細胞を破壊するため，様々な病気の原因となる。

・インフルエンザウイルス，狂犬病ウイルス，はしかウイルス，コロナウイルス，ヒト免疫不全ウイルス（HIV）などがある。

・ウイルスには，動物に感染するものだけでなく，植物や細菌に感染するものもある。

・バクテリオファージ：細菌に感染するウイルス

教科書
p.43　**発展**　ミトコンドリアと葉緑体の起源

　原核細胞は，ミトコンドリアや葉緑体をもたないが，真核細胞は，これらの細胞小器官をもっている。ミトコンドリアや葉緑体は，それぞれ呼吸と光合成におけるエネルギー変換を行う場として重要な働きをもつ。これらミトコンドリアや葉緑体は，進化の過程で次のように生じたと考えられている。

・酸素を使い有機物を分解し，エネルギーを利用できる細菌が，アーキアに共生→ミトコンドリアが生じた。

・その後，光合成を行う細菌であるシアノバクテリアが共生→葉緑体が生じた。

・**細胞内共生**：ある生物が他の生物の細胞の内部に入り込んで共生すること。ミトコンドリアも葉緑体も独自のDNAをもっており，細胞内で分裂してふえる。

　→ミトコンドリアや葉緑体が，以前は独立した生物であったことを示唆している。

・現生の生物の中にも，細胞内共生の例がある。

第❷節　生物とエネルギー

教科書 **p.44～55**

・植物は光エネルギーを利用して，光合成でデンプンなどの有機物をつくっている。

・動物は食物から有機物を取り入れている。

・植物も動物も，有機物で体をつくり，呼吸によって有機物を分解してエネルギーを取り出している。

・**有機物**：炭素を含む複雑な物質

・**無機物**：有機物以外の物質。ただし炭素を含んでいても，二酸化炭素などは無機物に分類される。

・**呼吸**：細胞が酸素を使って，有機物を二酸化炭素と水に分解して，エネルギーを得ること

A 代謝とエネルギー

①代謝とエネルギー

・**代謝**：生体内で起こる化学反応。**同化**(有機物を合成する光合成のように，単純な物質から複雑な物質を合成する反応)と，**異化**(呼吸のように，複雑な物質を単純な物質に分解する反応)がある。

📝**テストに出る**
「光合成は同化，呼吸は異化」は，穴埋め問題などで出題されやすい。

・生命活動には**エネルギー**が必要

・化学エネルギー：物質がもつエネルギー。単純な物質がもつ化学エネルギーよりも，複雑な物質がもつ化学エネルギーの方が大きい。

・呼吸により，複雑な物質がもつ化学エネルギーが取り出される。→物質の合成や運動などの生命現象に使われる。

・光エネルギー：光合成により化学エネルギーに変換され，有機物に蓄えられる。

②**代謝と ATP**　代謝の過程では，化学反応に伴ってエネルギーの受け渡しが行われる。

・**ATP**（アデノシン三リン酸）：すべての生物が共通にもつ物質であり，多くの生命活動においてエネルギーの受け渡しの仲立ちをし，化学反応を進行させている。そのため，エネルギーの通貨に例えられる。

・光合成では，光エネルギーを利用して ATP が合成される。→光エネルギーが化学エネルギーの形で ATP に蓄えられる。→ ATP に蓄えられた化学エネルギーを使って有機物が合成される。

・呼吸では，有機物が分解される過程で取り出されたエネルギーを用いて ATP が合成される。→有機物中の化学エネルギーが ATP に渡される。→ ATP が **ADP**（アデノシン二リン酸）と**リン酸**に分解される際に，ATP に蓄えられていた化学エネルギーが放出される。→生命活動のエネルギーとして，物質の合成や筋収縮などに広く利用される。

③ **ATP の構造**　アデニン（塩基の一種）とリボース（糖の一種）が結合したアデノシンに，3つのリン酸が結合

・**高エネルギーリン酸結合**：ATP などの分子内にあるリン酸どうしの結合。結合が切れるときに，大きなエネルギーが放出され，様々な生命活動に利用される。

・ATP の分解により生じた ADP とリン酸は，呼吸などの異化で得られるエネルギーを用いて，再び ATP に合成される。

教科書の整理　第 1 章

もっと詳しく
単純な物質とは二酸化炭素 CO_2 や水 H_2O など。複雑な物質とは炭水化物や脂肪，タンパク質など。

もっと詳しく
ADP からリン酸が1分子取れて AMP（アデノシン一リン酸）となるときも，化学エネルギーを放出する。

ここに注意
ここでいう塩基とは，窒素を含む有機物のことで，化学の酸・塩基の単元で出てくる塩基とは異なる。

教科書の整理　第1章

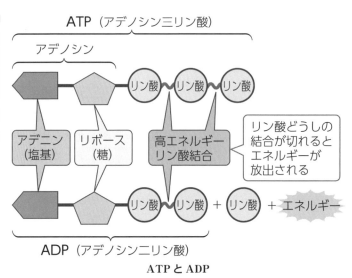

ATP と ADP

もっと詳しく
ATP の T は数字の 3 を表す tri(トリ)，ADP の D は 2 を表す di(ジ)に由来し，それぞれリン酸の数を表す。

B 代謝と酵素

①酵素と触媒

- **触媒**：化学反応を促進させる物質。化学反応の前後で触媒自身は変化しない。
- **酵素**：代謝における数々の化学反応を進行させる働きをもつ。
  - ・触媒作用をもつため生体触媒ともいう。
  - ・主にタンパク質でできている。
  - ・化学反応の前後で変化しないため，何度も同じ反応を繰り返し触媒する。
- ・生体内では，酵素の触媒作用によって，温和な条件で様々な化学反応が速やかに進行する。

　例　デンプンの分解
  - ・酵素を使わずに分解するには，強い酸性条件で100℃に熱する必要がある。
  - ・小腸では，ほぼ中性で体温(約 37℃)という穏やかな条件で分解が進む。
  - →小腸内に分泌される消化酵素(デンプンをマルトースに分解するアミラーゼと，マルトースをグルコースに分解する

もっと詳しく
食物の消化を助ける酵素は，特に消化酵素とよばれる。

マルターゼ)の働きによる。

②**基質特異性**　酵素が特定の**基質**(酵素の作用を受ける物質)だけに作用すること

・アミラーゼはデンプンだけを分解し，マルトースには作用しない。しかし，マルターゼはデンプンには作用せず，マルトースだけを分解する。

発展 **活性部位**　特定の基質と結合し触媒する，酵素の特有の構造の部分

・酵素反応が起こるときには，基質が酵素の活性部位に結合し，酵素-基質複合体ができる。

・酵素が特定の基質としか作用しないのは，酵素の活性部位の立体構造に，基質だけがぴったりと結合し反応するため

③**代謝と酵素**　代謝の反応は，複数の反応が連続して進行し，それぞれの反応に対して特定の酵素が働く。

　→1つの反応で合成された物質をもとに，さらに次の反応が起こり，別の物質に変わっていく。

④**酵素の分布**　生体内には数多くの酵素があり，消化酵素のように細胞の外に分泌されて働く酵素もあるが，多くの酵素は細胞質基質，核，ミトコンドリア，葉緑体，細胞膜など細胞の特定の場所で働く。

教科書 **p.51**　発 展　**酵素の働きと特徴**

・**活性化エネルギー**：化学反応により別の化合物に変わるときに必要なエネルギー。エネルギーの高い状態と通常の状態のエネルギー差に相当する。

・**変性**：高温になることなどで，タンパク質の構造が変化し，タンパク質の機能が弱まったり失われたりすること

・**失活**：変性により酵素の活性が失われること

・**最適温度**：酵素反応の速度が最大になる温度。酵素反応の速度は温度の上昇とともに大きくなるが，多くの酵素では 40℃をこえるあたりから反応速度は逆に小さくなり，60〜70℃で酵素は働きを失う。

・**最適pH**：酵素の反応速度が最大となる pH。多くの酵素の最適 pH は 6 〜 8，だ液に含まれるアミラーゼの最適 pH は 7，強い酸性の胃液中で働くタンパク質分解酵素ペプシンの最適 pH は 2

C 光合成と呼吸

①**光合成**　光エネルギーを利用して，二酸化炭素と水からデンプンなどの有機物を合成する反応

　　　二酸化炭素(CO_2)＋**水**(H_2O)＋**光エネルギー**
　　→**有機物**($C_6H_{12}O_6$)＋**酸素**(O_2)

・炭酸同化：二酸化炭素から有機物を合成する働き。光合成は光エネルギーを利用する炭酸同化である。

・真核生物では，光合成は葉緑体の中にある様々な酵素の働きによって進められる。光エネルギーを利用して ATP を合成

→ ATP のエネルギーを利用して有機物が合成される(水と二酸化炭素という無機物からデンプンなどの有機物が合成され，酸素が発生する)。

→この有機物の中に，化学エネルギーの形で生命活動に必要なエネルギーが蓄えられている。

→有機物は植物のいろいろな組織に運ばれ，エネルギー源や，体をつくる材料として使われる。

・デンプンは，一部の動物にとっても主なエネルギー源である。

②**呼　吸**　酸素を用いて**グルコース**などの有機物を分解し，有機物中に蓄えられている化学エネルギーで ATP を合成する反応

　　　有機物($C_6H_{12}O_6$)＋**酸素**(O_2)
　　→**二酸化炭素**(CO_2)＋**水**(H_2O)＋**化学エネルギー**(**ATP**)

・真核生物の呼吸には，ミトコンドリアが関わっている。

・呼吸では，酸素を用いてグルコースを二酸化炭素と水にまで分解し，効率よくエネルギーを取り出し，多量の ATP を生成する。ATP のエネルギーは生命活動に利用される。

・呼吸と燃焼は，酸素を用いて有機物を二酸化炭素と水に分解する点では同じ現象である。

　・燃焼：急激に反応が進み，多量のエネルギーが熱や光として放出される。

　・呼吸：酵素反応によって効率よく段階的に取り出されたエネルギーの一部を用いて，ATP がつくられる。

⚠ここに注意
デンプンはグルコースが多数結合した化合物なので，有機物をグルコースの化学式($C_6H_{12}O_6$)で表している。

📖テストに出る
燃焼と呼吸のちがいを整理しておこう。

教科書の整理　第 1 章

教科書 p.54　**発展**　光合成と呼吸のしくみ

●**光合成のしくみ**　光合成は，光エネルギーを吸収して水を分解するとともにATP をつくり出す反応と，ATP を用いて二酸化炭素から有機物をつくり出す反応の 2 つの過程からなる。光合成全体の反応は以下のように表される。

$$6CO_2 + 12H_2O + 光エネルギー \longrightarrow C_6H_{12}O_6 + 6H_2O + 6O_2$$

〈**光エネルギーの吸収**〉葉緑体のチラコイドという構造で起こる。

①**光化学反応**　チラコイドのクロロフィル(光合成色素)が光エネルギーを吸収して，活性化される反応。活性化された色素のエネルギーは，ATP の合成や NADPH の生成に利用される。温度の影響をほとんど受けない。

②**水の分解**　水分子が酸素と水素イオン(H^+)，電子(e^-)に分解される。

・e^- はチラコイドの膜を移動後，H^+ と結合して NADPH がつくられる。

③**ATP の合成**　e^- がチラコイドの膜を移動すると，H^+ がチラコイドに移動し濃縮される。H^+ が戻る流れを利用して，ATP が合成される。

〈**有機物の合成**〉葉緑体のストロマ(チラコイド以外の部分)で行われる。

④**カルビン回路**　ATP と NADPH を用いて，二酸化炭素から有機物がつくられる反応。反応経路は回路状になっている。温度の影響を受ける。

●**呼吸のしくみ**　**解糖系**(グルコースを分解する過程)，**クエン酸回路**(分解されたグルコースを二酸化炭素にまで分解する過程)，**電子伝達系**(多くの ATP が合成される過程)という 3 つの過程からなる。全体の反応は以下である。

$$C_6H_{12}O_6 + 6H_2O + 6O_2 \longrightarrow 6CO_2 + 12H_2O + 化学エネルギー(最大 38ATP)$$

①**解糖系**　細胞質基質に存在する酵素によって，1 分子のグルコースが 2 分子のピルビン酸に分解され，2 分子の ATP が合成される。酸素を必要としない。

②**クエン酸回路**　ピルビン酸はミトコンドリアのマトリックスに移り，数種類の酵素の働きで段階的に分解される。回路を一回りすると，2 分子のピルビン酸から 6 分子の二酸化炭素が生じ，2 分子の ATP が合成される。

③**電子伝達系**　NADH と $FADH_2$ から e^- と H^+ が発生する。e^- はミトコンドリア内膜の電子伝達系を移動，H^+ と酸素と結合して水になる。e^- の移動に伴い，H^+ はマトリックスからミトコンドリアの内膜と外膜の間の空間に移動し濃縮される。H^+ がもとに戻る流れを利用して，ATP 合成酵素が働きグルコース 1 分子あたり最大 34 分子の ATP が合成され，呼吸全体で最大 38 分子の ATP が生成される。

探究・資料学習のガイド

教科書 p.25 ⚗ 探究 1-1　**生物には共通性はあるのだろうか**

ガイド

分析　① すべて膜に包まれた細胞からできている。

② ア 「A・B・C」は，他の細胞との結合が少ない。

→ 「A・B・C」は，体が1個の細胞でできている(単細胞生物)。

→ 「E~I」は，多くの細胞が集まって体ができている(多細胞生物)。

イ 「A・D」は，細胞のサイズが小さい。

→ 「A・D」は，細胞には核がない(原核生物)。

→ 「それ以外」は，細胞に核がある(真核生物)。

ウ 「D・E・F」は光合成をする。

→ 「D・E・F」は緑色の色素を持ち，光合成ができる。

→ 「それ以外」は，光合成ができない。

考察　・遺伝物質として DNA をもち自己複製を行う。

・外界の物質を取り入れ，体内で生命活動に必要なエネルギーを取り出す
とともに，生物体を形成するのに必要な化学物質を合成する。など

教科書 p.27 ⚗ 探究 1-2　**脊椎動物の進化の道筋をたどってみよう**

ガイド

分析

脊椎をもつ	○	○	○
四肢をもつ時期がある	○	○	○
えらで呼吸する時期がある	－	－	－
肺で呼吸する時期がある	○	○	○

考察　ア 肺で呼吸する時期がある

イ えらで呼吸する時期がない

ウ 胎生である

・系統樹において位置が近いグループは特徴の類似性が高いことに気づく
ことが大切である。

読解力UP↑

卵を産んで卵から子がかえる繁殖の様式を卵生という。子が母親の子宮内で
栄養分をもらいながら成長し生まれる繁殖の様式を胎生という。

探究・資料学習のガイド　第 1 章

教科書 p.37 **資料学習　細胞質流動（原形質流動）**

準備　実験前に強光条件に置くと細胞質流動（原形質流動）が活発になる。

方法　①　葉を 1 枚とり，表を上にしてスライドガラスの中央に置き，水を 1 滴落とす。空気が入らないように，カバーガラスをかける。

②　高倍率（400 倍程度）で，葉緑体に注目し，観察する。

③　ミクロメーターを用いて，細胞質流動の速度を測定する。まず，接眼ミクロメーターを接眼レンズに入れ，対物ミクロメーターをステージにセットする。接眼ミクロメーターと対物ミクロメーターの目盛りを合わせ，一致するところを探す。両方のミクロメーターの目盛り数から，接眼ミクロメーター 1 目盛りの長さを計算する。

④　対物ミクロメーターを外し，観察するプレパラートを置く。

⑤　接眼ミクロメーターの目盛りを葉緑体の動く方向に合わせ，同倍率で葉緑体が目盛りの間を動く時間を計測する。

⚠ここに注意

対物ミクロメーターの代わりに，透明なものさしをセットして，低倍率で見て，視野の直径や接眼ミクロメーター 1 目盛りの長さの見当をつけておくとよい。

教科書 p.42 **探究 1-3　原核生物と真核生物の特徴から，これらの起源について考えよう**

分析　①

DNA をもつ	○	○	○	○	○	○
光合成を行う	○	×	×	×	○	×
単細胞か多細胞か	単	単	単	単	多	多

②　ネンジュモ，乳酸菌

核膜をもたない，ミトコンドリアをもたない，単細胞，細胞の大きさが小さいなどから 3 つをあげる。

考察　DNA　ア　　核膜　ウ　　ミトコンドリア　ウ

探究・資料学習のガイド　第1章

教科書 p.44 探究 1-4　**植物にとって光エネルギーはどれくらい重要なのだろうか**

考察　光の明るさによって増殖に違いが見られた。光の明るさが大きくなる
ほどよく増殖した。

→光エネルギーが増殖に使われていることがわかる。

話し合い　米に蓄えられたエネルギーは，太陽からの光エネルギーに由来す
る。イネの葉緑体で，光エネルギーが用いられ光合成が起こることでつく
られた養分を，米は含んでいる。

・植物の受ける光の明るさが大きい方が，化学エネルギーに変換される光
エネルギーの量が多くなるため，光合成が盛んに行われ，植物の体を構
成する有機物の合成量が増える。

教科書 p.46 探究 1-5　**エネルギーはどのようにして生命活動に利用されているのか**

分析　①　ATP　　②　有機物の合成　　③　ATP
④　様々な生命活動

考察　光合成，呼吸ともに，エネルギーを変換するときには一度ATPが合
成される。ATPはエネルギーの受け渡しの仲立ちをし，化学反応を進行
させている。

ATPという物質がエネルギーとして使いやすい物質であると考えられる。
原核生物から真核生物まで，すべての生物はATPを利用している。
進化の初期の段階でATPを使ったエネルギーの変換のシステムを得たと
考えられる。代謝の基本的なシステムとATPが密接に関連している。

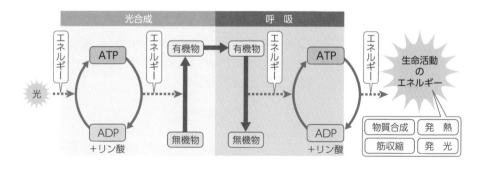

| 教科書 p.50 | ｉ 資料学習 | **カタラーゼの性質** |

ガイド

┃準備┃ ・ブタの肝臓は市販のレバーでよい。肝臓片はあらかじめ実験に使う大きさに切断し，チャックつきポリエチレン袋に入れて冷凍保存し，実験前に解凍するとよい。

・ダイコンは試験管に入るサイズで 15 mm 角程度の大きさに切ったものを用意する。ダイコンは実験直前に切ること。

・酸化マンガン(Ⅳ)は，粉状のものは扱いにくく，粒状のものを使うと再利用できる。

・3 ％過酸化水素水は，市販の 30 ％過酸化水素水を 10 倍に希釈する。過酸化水素水は冷暗所に保存し，実験に用いる少し前に室温に戻す。過酸化水素水の原液は皮膚に直接つくと，皮膚が火傷状になるので，希釈する際には注意が必要である。

・線香は試験管の液面近くまで入れるので，長いものの方がよい。マッチをうまくつけられない場合は，ライターなどを使用するとよい。火をつける際には，火傷に注意し，マッチの後始末に気をつける。

┃方法┃ ① まず，試験管にペンで A～D の記号を記入し，B～D にはそれぞれブタの肝臓，ダイコン，酸化マンガン(Ⅳ)を入れる。

② 気泡の発生の様子を見て判断するという半定量的な方法なので，厳密に違いを比較することは難しい。

③ 線香を入れると，試験管 B～D で炎が大きくなり，発生する気体が酸素であることが確かめられる。

┃考察┃ ① 酸素

② $2H_2O_2 \longrightarrow 2H_2O + O_2$

③ ブタの肝臓に含まれるカタラーゼが過酸化水素の分解を触媒したと考えられる。

④ ダイコンに含まれるカタラーゼが過酸化水素の分解を触媒したと考えられる。

⑤ 酸化マンガンが過酸化水素の分解を触媒したと考えられる。カタラーゼと酸化マンガンの作用の違いの解明には別の実験が必要である。

問のガイド

教科書 p.29
問 1

図2の系統樹から，鳥類は，は虫類と哺乳類のどちらにより近い系統であると判断できるか。

ポイント 分岐の近い方で判断する。

答 は虫類

教科書 p.31
問 2

図6に示されているものを観察する場合に，電子顕微鏡が適するものと，光学顕微鏡が適するものをそれぞれ3つずつあげなさい。

ポイント 電子顕微鏡，光学顕微鏡それぞれの分解能に注意する。

答 電子顕微鏡：細胞膜，インフルエンザウイルス，バクテリオファージ，大腸菌，ミトコンドリアから3つ
光学顕微鏡：ヒトの精子，酵母，ヒトの赤血球，ヒトの卵，ゾウリムシ，タマネギの表皮細胞から3つ（大腸菌やミトコンドリアは光学顕微鏡で存在は確認できるが，詳細な構造の観察には電子顕微鏡が必要である。）

教科書 p.36
問 3

なぜ1回目に再生したかさは中間型になるのか。2回目のかさの形を決めたのは何の働きによるか。

答 1回目の再生では，柄の細胞質と核の両方の影響を受けたため，中間型になる。2回目のかさの形は核の働きにより決まった。

教科書 p.45
問 4

図25の中で，光合成と呼吸を示している矢印はどれか。

答 光合成：左の同化の矢印
呼吸：異化の2つの矢印

教科書 p.47
問 5

ATP，ADPには，高エネルギーリン酸結合はそれぞれいくつあるか。

答 ATPには2つ，ADPには1つ

教科書
p.51
問 6

だ液のアミラーゼは，胃にたどり着いたら，デンプンを分解するだろうか。

答 分解しない。

考えようのガイド

教科書
p.35

考えよう 疎水性の脂質の層で細胞の内外を区切ることで，どのような物質の出入りが制限されることになるか。

答 油に溶けにくく，水に溶けやすい物質は自由に出入りしにくくなる。また，イオンなどは，膜の内と外での組成の割合を調節することで，細胞内外の割合を一定に保つことができる。細胞内の環境を細胞外の環境とは別のものに保てるのは細胞膜のおかげである。

教科書
p.35

考えよう｜探究問題 植物を宇宙で育てると細胞壁がやわらかくなった。この結果からどのようなことが考えられるだろうか。

答 植物は，生育環境の重力の大きさを受容し，細胞壁のかたさを調節することで，重力に抗して体を支えていると考えられる。

教科書
p.37

考えよう｜探究問題 ある葉の細胞に強い光をあてると図aのような葉緑体の配置になり，弱い光をあてると図bのような葉緑体の配置になった。このことからどのような仮説が考えられるか。

答 次のような仮説が考えられる。葉緑体は，光が弱いときには，効率的に光を集めるために，光の方向に垂直な細胞面に集まる。強すぎる光は葉緑体にとって傷害になり，光が強いときにはその傷害を避けるために，光と平行な細胞面に逃避する。

教科書
p.40

考えよう 細胞分画法において，取り出した上澄みにかける遠心力を段階的に強くしていくのはどうしてか。

答 弱い遠心力では，核のように質量の重い大きな細胞小器官が沈殿する。段階的に遠心力を上げることで，質量の重いものから順に細胞小器官を分けていくことができる。

考えようのガイド　第１章

教科書 p.45

考えよう 生物にとって太陽のエネルギーがとても重要なのはなぜか。

ポイント 生命活動にはエネルギーが必要。化学エネルギーは物質がもつエネルギーで，呼吸により，複雑な物質がもつ化学エネルギーが取り出される。→物質の合成や運動などの生命現象に使われる。光エネルギーは光合成により化学エネルギーに変換され，有機物に蓄えられる。

答 太陽からの光エネルギーは植物の光合成に必要である。植物によって生産された有機物は植物の成長に使われるとともに，動物の食糧になる。つまり，生物は太陽の光エネルギーを使って生きているといえる。

教科書 p.50

考えよう｜探究問題 カタラーゼは，反応の前後で変化しない。このことを検証するためにはどのような実験を行えばよいか考えよう。また，どのような結果が得られればそのことが検証されたといえるだろうか。

答 方法③のあと，さらに同量の同濃度の過酸化水素水を加え，発生する酸素の量を測定する。その結果，発生する酸素の量が方法②の結果と同じであれば，カタラーゼの触媒作用によると検証できる。何度かそれを繰り返しても同じ結果が出れば，カタラーゼの触媒作用であるとさらに検証できる。触媒作用によらず，カタラーゼも反応しているならば，過酸化水素水をある一定量加えたところで反応は止まると予想される。

　また，過酸化水素水が十分にある状態で反応を調べることによっても検証できる。発生する酸素の量が，カタラーゼの量によって決まる量で止まるのであれば，カタラーゼも反応している可能性が高い。つまり，例えば，加えるカタラーゼが倍になれば，発生する酸素の量も倍になるような関係を見出すことができれば，カタラーゼも反応していると考えられる。カタラーゼが反応の前後で変化しないのであれば，カタラーゼの量によって反応の速度が変わる，カタラーゼが倍になると反応する速度も倍になると予想される。実際には，p.51で学ぶように酵素の働きは温度，pHなどにより変化し，また，溶液のイオン濃度などによっても変化するので，うまく測定するためには酵素がうまく働き続けるような工夫が必要である。

部末問題のガイド

❶生物の共通性と多様性
関連：教科書 p.26, 28, 34〜39, 41

次の文章を読み，下の問いに答えよ。

現在生きている生物の共通の祖先は，体が細胞1個でできた[①]生物だった。これ以来，生物はすべて，体が細胞でできているという共通点を継承している。また，最初に出現した生物は[②]をもたない原核生物であり，遺伝物質である[③]は細胞質基質にある。一方，原核生物から進化した[④]生物の細胞には[②]があり，その中に[③]を含む[⑤]がある。一般に[④]細胞は原核細胞より大きく，呼吸の場である[⑥]や光合成の場である[⑦]などの細胞小器官が見られる。

(1) 文章中の空欄[①]〜[⑦]に入る適当な語句を答えよ。

(2) 次の⑦〜⑨の生物のうち，原核生物をすべて選び，記号で答えよ。
　　⑦　酵母　　⑥　シアノバクテリア　　⑦　オオカナダモ　　⑤　アメーバ
　　⑦　大腸菌

(3) 次の構造のうち，大腸菌に見られるものをすべて選び，記号で答えよ。
　　⑦　ミトコンドリア　　⑥　細胞膜　　⑦　核膜　　⑤　細胞質基質
　　⑦　葉緑体

(4) (2)で選んだ原核生物のうち，光合成を行うものを1つ選び，記号で答えよ。

ポイント　(2)(3)　原核細胞でできている生物が原核生物，真核細胞でできている生物が真核生物である。一般に，原核細胞には DNA，細胞膜，細胞質基質，細胞壁が存在するが，核膜，ミトコンドリア，葉緑体，液胞は存在しない。

解き方　(3)　原核生物である大腸菌の細胞には，細胞膜と細胞質基質は見られるが，ミトコンドリアと核膜，葉緑体は存在しない。
　　(4)　シアノバクテリアは原核生物であるが，細胞中にクロロフィルが存在し，光合成を行う。

答　(1)　①　単細胞　　②　核　　③　DNA　　④　真核
　　　　⑤　染色体　　⑥　ミトコンドリア　　⑦　葉緑体
　　(2)　⑥，⑦　　(3)　⑥，⑤　　(4)　⑥

テストに出る

クロロフィルは，一般に原核生物の細胞中には存在しないが，シアノバクテリアの細胞中には存在する。葉緑体が，シアノバクテリアが共生したことによって生じたと考えられていることは，あわせて問われやすい。

❷真核細胞の構造と働き

関連：教科書 p.21，30〜36

次の文章を読み，下の問いに答えよ。

右図は，ある植物細胞の構造を模式的に示したものである。図中の①は細胞の外側を囲んでおり，③は①のすぐ内側にある。②は緑色の凸レンズ型の粒で，④は粒状または糸状の構造で②より小さい。⑤は大きな球形の構造で細胞内に1個だけ観察された。⑥は内部に目立った構造はないが，色素を含んでいるようで観察しやすかった。

(1)　図中①〜⑥の構造の名称を答えよ。

(2)　次の(ア)〜(エ)の特徴や働きは，図中の①〜⑥のどの構造に見られるか。あてはまるものをすべて選べ。

　　(ア)細胞液を含んでいる　　(イ)有機物を分解してエネルギーを取り出す
　　(ウ)DNAを含んでいる　　(エ)細胞を保護し，細胞の形を保持する

(3)　図中①〜⑥の構造のうち，酢酸カーミンや酢酸オルセインでよく染まるものはどれか。

(4)　顕微鏡で接眼ミクロメーターを用いて細胞の長径を測定したところ，7目盛りの長さがあった。また，この倍率のとき，接眼ミクロメーターの10目盛りと対物ミクロメーターの25目盛りの長さが一致していた。このとき，観察した細胞の長径は何μmか。ただし，対物ミクロメーターの一目盛りは1mmを100等分したものである。

ポイント　(4)　接眼ミクロメーターの1目盛りの長さ〔μm〕

$$= \frac{対物ミクロメーターの目盛りの数 \times 10\,\mu m}{接眼ミクロメーターの目盛りの数}$$

解き方　(1)(2)　細胞壁（①）は，植物や菌類，細菌の細胞膜（③）の外側に存在し，細胞質を保護するとともに，隣り合う細胞どうしを結びつけて，細胞の形を保持する。葉緑体（②）は普通直径5〜10μmの凸レンズ型で，緑色の色素であるクロロフィルを含み，光合成を行う。ミトコンドリア（④）は

普通 1～10 μm の粒状または糸状で，有機物を分解してエネルギーを取り出す呼吸の場となっている。葉緑体やミトコンドリアは，核の DNA とは別の独自の DNA をもつ。真核生物には普通 1 個の球形の核(⑤)があり，中には主に DNA とタンパク質でできた染色体がある。成熟した植物細胞では，液胞(⑥)が大きく発達している。液胞の内部を満たしている液を細胞液といい，タンパク質や炭水化物，無機塩類などが含まれており，アントシアンなどの色素を含むものもある。

(3)　核は，酢酸カーミンによって赤色，酢酸オルセインによって赤紫色に染まる。

(4)　対物ミクロメーターの 1 目盛りは，1 mm＝1000 μm を 100 等分しているので，10 μm。接眼ミクロメーター 1 目盛りの長さは，

$$\frac{25 \times 10 \ \mu m}{10} = 25 \ \mu m$$

よって，長径の長さは，25 μm×7＝175 μm

📖 テストに出る

細胞小器官の名称と働きは，図とあわせて出題されやすい。
それぞれの細胞小器官の特徴を整理しておこう。

答 (1)　①　細胞壁　　②　葉緑体　　③　細胞膜
　　　　④　ミトコンドリア　　⑤　核　　⑥　液胞

(2)　(ア)　⑥　　(イ)　④　　(ウ)　②，④，⑤　　(エ)　①

(3)　⑤

(4)　**175 μm**

❸代謝とエネルギー

関連：教科書 p.45～47

次の文章を読み，下の問いに答えよ。

　生物は外界から必要な物質を取り入れ，不要になった物質を排出する。その過程で，物質の合成や分解が行われる。これらをまとめて[①]という。[①]には，単純な物質からより複雑な物質を合成する[②]と，複雑な物質をより単純な物質に分解する[③]がある。植物が行う[④]は[②]の例であり，動物などが行う[⑤]は[③]の例である。[⑤]では，有機物を分解する過程で取り出した[⑥]を利用して[⑦]が合成される。[⑦]に蓄えられたエネルギーは様々な生命活動に利用される。

(1) 文章中の空欄[①]～[⑦]に入る適当な語句を答えよ。

(2) 外界から取り込んだエネルギーを有機物に蓄える過程は，[②]，[③]のいずれか。

(3) 物質⑦の構造について述べた次の文の空欄[⑧]～[⑩]に入る物質名を答えよ。

　　物質⑦は，[⑧]にリボースと[⑨]個のリン酸が結合したものであり，エネルギーを吸収して[⑩]結合を形成する。

ポイント　(1)　**代謝には，同化（光合成など）と異化（呼吸など）がある。**

解き方　(2)　光合成のような同化では，単純な物質から複雑な物質を合成し，光エネルギーを化学エネルギーの形で蓄える。異化では，複雑な物質を単純な物質に分解し，蓄えられた化学エネルギーを生命活動のエネルギーとして利用する。

> **📖 テストに出る**
> 同化と異化の反応や例，同化と異化に伴うエネルギーの出入りを，表などにまとめて整理しておこう。

答　(1)　① 代謝　② 同化　③ 異化　④ 光合成　⑤ 呼吸
　　　　⑥ 化学エネルギー　⑦ ATP（アデノシン三リン酸）
　　(2)　②
　　(3)　⑧ アデニン（塩基）　⑨ 3　⑩ 高エネルギーリン酸

❹思考力 UP 問題

関連：教科書 p.36

次の文章を読み，下の問いに答えよ。

カサノリは単細胞の藻類で，その個体は，上からかさ・細長い柄・核を含む仮根からできている。右図AとBのように，種によってかさの形が異なる。A種とB種で次の4つの実験を行った。

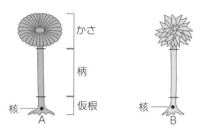

実験1　A種のかさを切断後，柄・仮根に分けてそれぞれ培養した。⇒柄と仮根の両方からA種の形のかさが生じた。

実験2　A種の柄の部分を切り取って，その柄をB種の仮根に移植して培養した。⇒A種とB種の中間の形のかさが生じた。

実験3　実験2で生じたかさを切り取って，そのまま培養した。⇒B種の形のかさが生じた。

実験4　A種の仮根の核を取り除き，かさを切り取って培養した。そして，生じたかさを再び切り取って，そのまま培養した。⇒かさが生じなかった。

(1)　次の実験Xを行った場合，生じるかさの形はどうなるか。下の⑦〜④から1つ選び，記号で答えよ。

実験X　B種の柄の部分を切り取って，その柄をA種の仮根に移植した。そして，生じたかさを切り取って，そのまま培養した。

　　⑦　A種の形　　　④　B種の形　　　⑦　中間型　　　④　生じない

(2)　次の文は，実験1〜4の結果から推測されることをまとめたものである。空欄[　]に入る細胞小器官を答えよ。

　　カサノリの[　]にはかさの形を決める働きがある。何らかの方法で，[　]は柄の先端に形成されるかさの形を決定している。

ポイント　(1)(2)　核は細胞の生存と増殖に必要である。問題文にあるように，カサノリの核は仮根に存在する。

解き方　(1)(2)　カサノリを用いて行われた，核の働きを示す次のような実験が参考になる。カサノリは，かさ，柄，仮根からなる巨大な単細胞生物で，核は仮根に存在する。2つのタイプのカサノリAとBを用い，Aの仮根にBの柄を接ぐと，いったんはAとBの中間型のかさができる。しかし，中間型のかさを切断した後にできてくるかさはAのものであった。AとBを逆にしても，最初は核と細胞質の両方の影響を受けた中間型のかさ

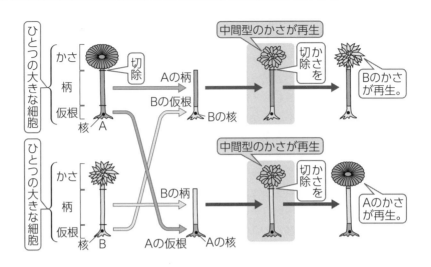

ができ，これを切り取った後は核の影響を受けたかさが形成される結果
となった。この実験から，カサノリの核にはかさの形を決める働きがあ
ることがわかる。

答 (1)　㋐　　(2)　**核**

教科書の整理　第２章

第2部　遺伝子とその働き

第2章　遺伝子とその働き

教科書の整理

第1節 遺伝情報と DNA

教科書 p.62〜77

- **形質**：生物がそれぞれにもつ特有な形や性質などの特徴
- **遺伝**：親の形質が子やそれ以降の世代に受け継がれる現象
- 親から子へと伝わる遺伝情報をもとにして，子の体がつくられる。
- **DNA（デオキシリボ核酸）**：遺伝情報を担う物質
- **遺伝子**：DNA の一部の領域であり，生命活動に関わる重要な遺伝情報をもつ。

A DNA の構造

① **DNA の構成単位**　DNA はヌクレオチドといわれる基本単位が多数連結した分子
- **ヌクレオチド**：**リン酸**と**糖**と**塩基**が結合した化合物
- **デオキシリボース**：DNA を構成するヌクレオチドの糖
- DNA を構成する塩基は，**アデニン**(A)，**チミン**(T)，**グアニン**(G)，**シトシン**(C)の 4 種類
- ヌクレオチドどうしは，糖とリン酸が結合し，ヌクレオチド鎖をつくる。

② **DNA の塩基の数**　シャルガフは様々な生物の組織から DNA を取り出し，4 種類の塩基の数の割合を比較した。
　→ どの生物でも A と T の数の割合は等しく，G と C の数の割合も等しいことがわかった。
- **シャルガフの法則**：DNA の A と T，G と C は同量存在
- 肝臓，心臓，脳など，どの組織でも，A，T，G，C の数の割合は同じである。
　→ 体を構成する細胞はすべて同じ遺伝情報を含む DNA をもつため

もっと詳しく

無性生殖では，子は親とまったく同じ遺伝子を受け継ぎ，親と同じ形質をもつ。

もっと詳しく

含まれる塩基の種類によって，DNA のヌクレオチドも 4 種類に分けられる。

テストに出る

シャルガフの法則を使って，塩基の数の割合を求める問題がよく出題される。

③ **DNA の構造**　DNA は，２本のヌクレオチド鎖が平行に並んだ**二重らせん**の構造をとる。

・らせんの外側は，ヌクレオチドの糖とリン酸が交互に結合した長い鎖状

・らせんの内側は，ヌクレオチドの塩基が，向き合う鎖にあるヌクレオチドの塩基と**塩基対**をつくる。

・**相補性**：向き合った塩基は，必ずAとT，GとCが対になるという性質

→ DNA の一方のヌクレオチド鎖の塩基の配列が決まると，もう一方のヌクレオチド鎖の塩基の配列も自動的に決まる。

→この塩基配列が遺伝情報

> **テストに出る**
> AとT，GとCが対になることは確実に覚えておこう。

教科書 **p.65**　**発展**　**塩基どうしの結合**

・DNA の２本のヌクレオチド鎖は，DNA の塩基どうしの水素原子を介した弱い結合（水素結合）で結ばれている。

・塩基のAとTの間には２つの水素結合，GとCの間には３つの水素結合を形成して塩基対をつくっている。

　→塩基の相補性のため，DNA の一方の鎖の塩基配列が決まれば，もう一方も自動的に決まる。

教科書 **p.66**　**参考**　**遺伝子の本体**

　遺伝子の本体が DNA であることは，次のような研究で明らかになった。

●**グリフィスの実験**　肺炎球菌には，外側にさやのあるS型菌（病原性をもつ）とさやのないR型菌（病原性をもたない）がある。グリフィスは，加熱して死滅させたS型菌（病原性をもたない）をR型菌に混ぜてネズミに注射すると，ネズミの血液中にS型菌が増殖し，肺炎が起きることを発見した（1928 年）。

→ネズミの体内でR型菌がS型菌に変化したことを示す。

・形質転換：細胞の外から加えた物質によって，形質が変わること

●**エイブリーらの実験**　エイブリーらは，R型菌がS型菌に変化する現象は，ネズミに注射しなくても培養した菌でも起こることをみつけた。S型菌の抽出物のタンパク質を分解しても形質転換は起きるが，DNA を分解すると形質転換は起こらないことを発見した（1944 年）。

→遺伝的性質を変換させる物質は DNA であると考えた。

●**ハーシーとチェイスの実験**　大腸菌に感染してふえるバクテリオファージは

頭部に DNA があり，頭部の殻と尾部はタンパク質からできている。ハーシーとチェイスは，バクテリオファージの DNA とタンパク質に別々の目印（標識）をつけ，バクテリオファージの増殖に関係するのはどちらかを調べた。

→バクテリオファージが大腸菌に付着すると，タンパク質の殻と尾部は細胞壁の外に残り，頭部の DNA だけが大腸菌に入る。

→大腸菌の中に入った DNA が新しいバクテリオファージをつくったことを示している（1952 年）。

→遺伝子の本体は DNA であることが認められるようになった。

教科書
p.68　　発 展　**DNA の立体構造の解明に貢献した人々**

・X線回折法：X線を結晶に照射して結晶特有のパターン像（X線回折像）を得る方法。X線は結晶内部の原子の配置の規則性に応じて散乱しながら結晶を透過するため，結晶特有のパターン像が得られる。パターンを数学的に処理することによって，結晶内部の原子の配置を推定できる。

・ウィルキンスが得た純度の高い DNA 結晶をもとに，フランクリンがみごとなX線回折像を撮影した。その画像を見たワトソンはクリックとともに二重らせん構造が合理的であると考察して論文をかいた。その後，ウィルキンスらによる DNA 構造の発表があり，二重らせん構造が実証された。

・ワトソンとクリック，ウィルキンスは，1962 年にノーベル生理学・医学賞を受賞した。

B DNA の複製

・細胞は分裂によってふえる。

・体を構成する細胞はすべて同じ遺伝情報を含む DNA をもつ。

・DNA 複製は正確に行われ，細胞が分裂するとき，正確に分配される。

①**半保存的複製**　DNA 複製のとき，一方はもとの鎖のままで，もう一方は新しく合成される複製の仕方

・**複製（DNA 複製）**：もとの DNA と同じ DNA がつくられること

・まず，２本鎖 DNA の塩基どうしの結合が切れて１本鎖にほどける。

→ほどけた２組の１本鎖のそれぞれを鋳型として，ヌクレオチドが結合して新しい鎖がつくられ，２組の２本鎖になる。

⚠ここに注意
DNA の合成ではなく，DNA の複製とよばれることに注意する。

教科書の整理 第2章

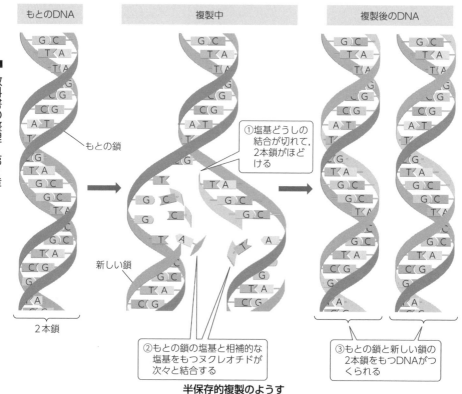

もとのDNA 複製中 複製後のDNA

もとの鎖

2本鎖

新しい鎖

①塩基どうしの結合が切れて，2本鎖がほどける

②もとの鎖の塩基と相補的な塩基をもつヌクレオチドが次々と結合する

③もとの鎖と新しい鎖の2本鎖をもつDNAがつくられる

半保存的複製のようす

・鋳型となる1本鎖の塩基がAならば新しい鎖の塩基はT，GならばCと，それぞれ相補的な塩基対が形成される。

→塩基の相補性にもとづき，DNA複製される。

→できた2組のDNAの塩基配列は，もとのDNAの塩基配列と全く同じになる。

|発展| DNA複製には，**DNA ポリメラーゼ**(DNA合成酵素)などの多くの酵素が働いている。

|参考| DNAの複製が半保存的であることは，メセルソンとスタールの実験によって証明された(1958年)。それまでは，元の二重らせんをそのままに全く新しい二重らせんができるという保存的複製の仮説などがあった。

C 遺伝情報の分配

① **DNAと染色体** 真核生物では，DNAは主に核内に存在し，**染色体**を構成する。

- 染色体には非常に長い DNA 分子が含まれる。
- 染色体は，通常は核内に分散しているが，細胞分裂の際には折りたたまれて，より太く短い棒状の構造となる。
- 1 つの体細胞には，形や大きさが同じ染色体が 2 本ずつある。
- →**相同染色体**：この 1 対の染色体
- 染色体の数は生物の種によって決まっている。

体細胞の染色体数

生物名	染色体数
キイロショウジョウバエ	8
ヒト	46
タラバガニ	208
シロイヌナズナ	10
イネ	24
スギナ	216

テストに出る
染色に使う染色液（酢酸オルセインや酢酸カーミン）はよく出題される。

教科書 p.72　発展　染色体の構造

- 真核生物の染色体は，DNA 分子とタンパク質で構成される。
- DNA 分子は**ヒストン**というタンパク質に巻きついて**ヌクレオソーム**を形成し，それらが規則的に折りたたまれて繊維状の**クロマチン繊維**という構造をとる。
- 細胞分裂の際には，クロマチン繊維がさらに折りたたまれて太く短い棒状の構造となる。
- 原核生物の DNA 分子は環状で細胞質基質の中に存在し，タンパク質に巻きついてまとまっている。

教科書 p.73　参考　相同染色体

- 相同染色体の片方は父親，もう一方は母親に由来する。
- 相同染色体の対の数を n で表すと，体細胞の染色体数は $2n$ となる。
- ヒトの体細胞の染色体は 46 本あり，$2n=46$ と表す。

教科書 p.73　発展　性染色体

ヒトの体細胞の染色体は 46 本ある。

- 44 本は男女共通の常染色体
- 残り 2 本は性染色体。男性では X 染色体と Y 染色体，女性では 2 本とも X 染色体

性決定のしくみは生物によって異なる。

・**XY 型**：ヒトのように，Y染色体上に男性決定遺伝子がある性決定のしくみ

・**XO 型**：バッタやトンボのように，雄はX染色体を1本だけもち，雌はX染色体を2本もつ性決定のしくみ

・**ZW 型**：鳥類のように，雄では2本とも同じ性染色体(ZZ)であり，雌では異なる性染色体(ZW)となる性決定のしくみ

②**体細胞分裂と減数分裂**　すべての細胞は細胞の分裂によって生じる。

・**細胞分裂**：細胞の分裂。**体細胞分裂**と**減数分裂**がある。

　・**体細胞分裂**：体をつくる細胞がふえるときに行われる細胞分裂

　・**減数分裂**：生殖細胞をつくるときに行われる細胞分裂

　・**母細胞**：分裂前の細胞

　・**娘細胞**：分裂によってできた細胞

③**細胞周期**　体細胞分裂によってできたばかりの娘細胞が，再び2つの細胞に分裂するまでの周期的な過程

・分裂期と間期に分けられる。

・分裂期を終えたばかりの娘細胞は母細胞に比べて小さいが，栄養分の吸収や物質の合成などを盛んに行い成長する。

→十分に成長した後，DNA複製が始まり，全く同じ遺伝情報をもったDNAがもう1組でき，分裂期で分配される。

→DNA複製は正確に行われ，母細胞と娘細胞は全く同じ遺伝情報をもったDNAをもつ。

④**分裂期（M 期）**　分裂が行われている時期。前期・中期・後期・終期に分けられる。

・**前期**：染色体は太く短い棒状になり，核膜は見えなくなる。

・**中期**：染色体が細胞の中央に集まる。

・**後期**：染色体が分かれ，細胞の両端に移動する。

・**終期**：細胞質が2つに分かれ始める。

⑤**間　期**　分裂が終了してから，次の分裂が始まるまでの時期。次の3つの時期に分けられる。

・**G₁ 期（DNA 合成準備期）**：分裂期が終わってからDNA複製が始まるまでの時期

テストに出る
細胞は分裂してふえ，ふえた細胞が大きくなることで，多細胞生物は成長する。

テストに出る
細胞周期＝分裂期（M 期）＋間期（G₁期＋S期＋G₂期）と覚えよう。

テストに出る
細胞分裂の順番は，染色体のようすから考える。

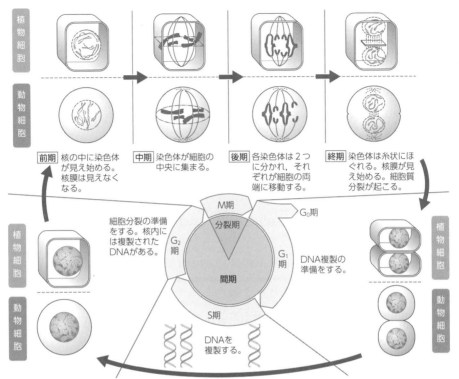

細胞周期と遺伝情報の分配　模式図の細胞は染色体の数を4本として示している。

- **S期（DNA 合成期）**：DNA が複製される時期
- **G_2 期（分裂準備期）**：S 期が終わってから分裂期が始まるまでの時期

  G_1 期に通常の細胞周期から外れ，分裂をやめる細胞もある。
→この時期を G_0 期といい，G_0 期の細胞は特定の形や働きをもった細胞になる。

⑥細胞分裂と DNA 量の変化

- 体細胞分裂では，細胞が分裂する前の G_1 期の母細胞と，分裂後の娘細胞の G_1 期における細胞あたりの DNA 量は等しい。
→間期で DNA 複製され，もとの量の2倍になって，分裂期で2つの細胞に均等に分配されるためである。
- 減数分裂では，母細胞の DNA 量が半減するよう DNA が分配され，卵や精子などの生殖細胞ができる。

教科書の整理　第2章

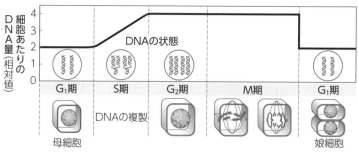

体細胞分裂における細胞あたりの DNA 量の変化　S 期に DNA が複製される。G_2 期の DNA 量は G_1 期の 2 倍になる。

→卵と精子の受精で，受精卵の核内の DNA 量は体細胞と同じ量になる。

発展 減数分裂は，第一分裂，第二分裂の 2 回の分裂からなる。

教科書 **p.76**　**発展**　**DNA 複製のしくみ**

　DNA 複製は，次のような順で行われる。

① DNA の二重らせん構造がほどける。

② DNA を鋳型にして，相補的にヌクレオチドが結合し，**プライマー**といわれる DNA 合成の出発点となる短い RNA 鎖がつくられる。

③ **DNA ポリメラーゼ**といわれる酵素が DNA を合成する。

　・DNA ポリメラーゼは，ヌクレオチド鎖を伸ばしながらしか DNA を合成することができないため，プライマーに続いて複製が行われる。

　・DNA のヌクレオチド鎖には方向性があり 2 本鎖は逆向きに並んでいる。DNA ポリメラーゼは，DNA の塩基配列を 3′ 末端から 5′ 末端の方向に読み，新しい鎖を 5′ → 3′ の一方向に合成（2 本鎖で逆向きに合成が進行）

　・**リーディング鎖**：新しく合成される鎖のうち，二重らせんがほどけていく方向に，連続してつくられる鎖

　・**ラギング鎖**：新しく合成される鎖のうち，短い DNA 断片がいくつもつくられる，不連続に複製される鎖

④複製が進み新しい鎖にたどり着くと，プライマーは分解され DNA 鎖に置き換わる。合成された DNA の末端は，**DNA リガーゼ**という酵素でつながれ，新しい鎖は 1 本の DNA 分子となる。

第❷節 遺伝情報とタンパク質の合成 教科書 p.78〜97

・遺伝情報は親から子へ伝えられ，細胞分裂では細胞から細胞へと伝えられる。遺伝情報を担う物質は DNA である。
・遺伝子がもつ情報により様々な種類のタンパク質が合成され，タンパク質は生命活動で特定の役割を担う。

A 遺伝子発現とタンパク質

①**塩基配列と遺伝情報**　DNA はヌクレオチドという構成単位が鎖状に結合した分子。DNA のヌクレオチドは，A，T，G，C の4種類の塩基のうちいずれかを含んでいる。

・**塩基配列**：ヌクレオチド鎖を構成する塩基の並び方。A，T，G，C の4種類の文字で表される。遺伝情報を担う。

・**遺伝子発現（発現）**：遺伝子の塩基配列をもとに，タンパク質が合成されること

・生物の形質はタンパク質の働きがもとになって決まる。

・タンパク質のアミノ酸配列を指定している遺伝子は，DNA の塩基配列の一部を占めている。

②**タンパク質**　生体内の様々な場面で働いている。種類が多く，ヒトではおよそ10万種類。以下のものもタンパク質である。

　・呼吸や光合成をはじめとする代謝に関わる酵素
　・動物の結合組織などの構造を保つコラーゲン
　・筋肉の構成成分のアクチンやミオシン
　・血糖濃度を調節するホルモンのインスリン

③**タンパク質とアミノ酸配列**　タンパク質は，鎖状につながった多数の**アミノ酸**で構成されている。

・**アミノ酸配列**：アミノ酸の並び順。タンパク質の種類ごとにアミノ酸の数とアミノ酸配列は決まっている。

　→タンパク質の種類によって働きが異なるのは，タンパク質を構成するアミノ酸の数やアミノ酸配列が異なるため

・食物に含まれるタンパク質は，消化管を通る間に，様々なタンパク質分解酵素によって分解されてアミノ酸になる。

教科書
p.80　**発展**　**タンパク質の詳しい構造**

①**アミノ酸**　炭素原子Cに，**アミノ基**
（-NH₂）・**カルボキシ基**（-COOH）・**水素原子**（-H）・**側鎖**（-R）が結合してできている。

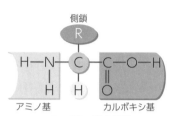

アミノ酸の基本構造

・側鎖は20種類あり，それによりアミノ酸も20種類に分けられる。

・**必須アミノ酸**：アミノ酸のうち，体内で合成できないものや必要量を合成しにくいもの。食物から摂取する必要がある。

②**ペプチド結合**　隣り合うアミノ酸どうしで，一方のアミノ酸のカルボキシ基と，もう一方のアミノ酸のアミノ基の部分から水分子が1つ取れて形成される結合

・**ポリペプチド**：多数のアミノ酸がペプチド結合で結合した分子。タンパク質はポリペプチドでできている。

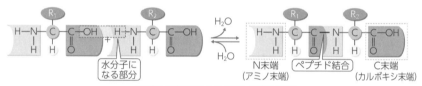

ペプチド結合によるアミノ酸の連結

③**タンパク質の立体構造**　立体構造はタンパク質の機能と深く関わり，タンパク質の種類ごとに異なる。

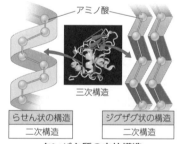

・**一次構造**：ポリペプチドのアミノ酸配列

・**二次構造**：ポリペプチドが分子内で部分的に折りたたまれて，らせん状（αヘリックス）やジグザグ状（βシート）になった部分的な立体構造

・**三次構造**：二次構造が立体的に配置された一定の立体構造

・複数のポリペプチドが集まって立体構造をとるものもある（**四次構造**）。

タンパク質の立体構造

B タンパク質の合成

①**遺伝情報の流れ**　遺伝子発現では，まず，DNA にある遺伝子の塩基配列が **RNA**（**リボ核酸**）に写し取られ，その RNA をもとにタンパク質が合成される。

・**転写**：DNA の塩基配列を写し取りながら RNA がつくられる過程

・**翻訳**：RNA の塩基配列がアミノ酸配列に読みかえられ，タンパク質が合成される過程

・**セントラルドグマ**：遺伝情報が DNA から RNA を経てタンパク質へ流れるという考え方

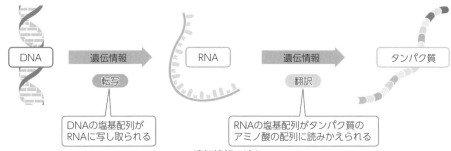

遺伝情報の流れ

② **RNA の構造**　DNA と同様にヌクレオチドが鎖状に結合した分子だが，2 本鎖ではなく通常は 1 本鎖として存在

・RNA のヌクレオチドの糖は**リボース**

・RNA の塩基のうち，アデニン（A），グアニン（G），シトシン（C）の 3 種類は DNA と同じであるが，チミン（T）でなく**ウラシル**（U）をもつ。

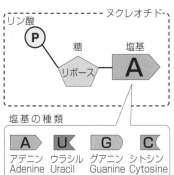

RNA の構成単位

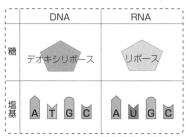

DNA と RNA の構成単位の比較

③**転 写** DNA の塩基配列を写し取りながら RNA がつくられる過程

・DNA の一部の塩基対の結合が切れ，2 本鎖がほどける。

→ほどけた DNA の片方の鎖の塩基に，RNA のヌクレオチドの塩基が相補的に結合する。

→隣り合うヌクレオチドが連結され，RNA が合成される。

→ DNA の塩基配列を写し取った RNA がつくられる。

・DNA の A には U が相補的に結合し，T には A，C には G，G には C が相補的に結合する。

④ **RNA の種類** mRNA や tRNA などがある。いずれも，DNA の塩基配列を写し取ってつくられる。

・**mRNA**(伝令 RNA)：タンパク質についての情報を写し取った RNA

・**tRNA**(転移 RNA)：タンパク質を合成する過程でアミノ酸を運ぶ RNA

⑤**コドンとアンチコドン** 翻訳の過程では，mRNA の連続した 3 つの塩基が一組となって，特定の 1 つのアミノ酸を指定

・トリプレット：連続した塩基 3 つの一組

・**コドン**(**遺伝暗号**)：mRNA のトリプレット

・tRNA はアミノ酸の種類に応じてそれぞれ 1 種類以上あり，コドンと相補的に結合する 3 個一組の塩基配列(**アンチコドン**)をもつ。

⑥**翻 訳** mRNA の塩基配列にもとづいてアミノ酸が並び，タンパク質が合成される過程

・mRNA のコドンと tRNA のアンチコドンが相補的に結合することで，コドンが指定するアミノ酸が選択される。

→ mRNA のコドンに対して，対応する tRNA がアミノ酸を運ぶことでアミノ酸が並び，隣り合うアミノ酸がつながる。

→ mRNA の塩基配列のコドンに対応した特定のアミノ酸がつながり，タンパク質が合成される。

⑦**遺伝暗号** タンパク質を構成するアミノ酸は 20 種類あるのに対して，DNA の塩基は 4 種類しかない。

→ 3個続きの塩基で1種類のアミノ酸を指定すると，4^3 で64
通りとなるため，20種類のアミノ酸を指定するのに十分

・実際には61種類のコドンが20種類のアミノ酸を指定し，複
数のコドンが1種類のアミノ酸に対応することが多い。

⑧ **mRNA の遺伝暗号表**　コドンを基本単位とする遺伝暗号に
沿って，塩基配列はタンパク質のアミノ酸配列に置き換わる。

・開始コドン：AUG。メチオニンに対応するが，同時にタン
パク質の合成開始を指定している。

・終始コドン：UAA，UAG，UGA。対応する tRNA がなく，
このトリプレットでタンパク質の合成を停止する。

発展 バイオテクノロジー：遺伝子に操作を加えたり，細胞や
組織を人工的に培養したりして生物を利用する技術

発展 遺伝子組換え：生物のもつ特定の遺伝子を取り出して増
幅し，他の生物の細胞内に導入して発現させるなど，遺伝子
の新しい組み合わせをつくること

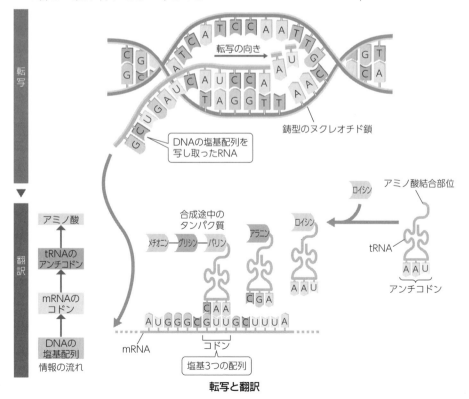

転写と翻訳

教科書の整理 第2章

^{教科書}p.88 　発展　転写のしくみ

① **転 写**　RNA の合成は **RNA ポリメラーゼ**（RNA 合成酵素）という酵素によって行われる。原核生物でも真核生物でも，このようにして，mRNA や tRNA がつくられる。

② **スプライシング**　真核生物では，mRNA がつくられるときに，RNA ポリメラーゼにより転写された RNA が翻訳される前に，一部が取り除かれる。

・**エキソン**：mRNA になる部分

・**イントロン**：取り除かれる部分

・**スプライシング**：イントロンを取り除く過程

・DNA の情報を写し取った mRNA や tRNA は核膜の孔（核膜孔）から出て細胞質に移動する。

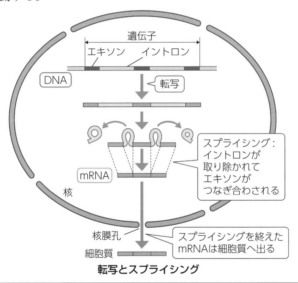

転写とスプライシング

C 遺伝情報と遺伝子発現

① **分化（細胞分化）**　細胞が特定の形や働きをもつようになること

・多細胞生物では，成長の過程で体細胞分裂を繰り返して細胞数を増やし，細胞がそれぞれ異なる形や働きをもつ。

・細胞が分化しても，すべての体細胞は同じ遺伝情報をもっている。→それぞれの細胞が特定の遺伝子のみを発現しているため，特定の形や働きをもつようになる。

教科書
p.89　発展　**翻訳のしくみ**

・原核生物でも真核生物でも，リボソームといわれる構造体でタンパク質が合成される。

・リボソームは，複数のタンパク質とrRNAといわれるRNAからなる構造体であり，細胞質基質に存在する。

・リボソームはmRNAに結合する。

・tRNAは，アンチコドンに対応した特定のアミノ酸と結合する。

・翻訳は以下のようなしくみである。

　①〜②　アミノ酸と結合したtRNAはリボソーム上で，アンチコドンを介してmRNAのコドンと相補的に結びつく。こうしてアミノ酸がリボソームに運ばれる。

　②〜③　tRNAが運んできたアミノ酸が，合成途中のポリペプチドに，ペプチド結合により結びつく。

　③〜④　リボソームがmRNAを塩基３つ分だけ移動し，左側のtRNAがはずれる。

　⑤　①〜④が繰り返されることにより，タンパク質が合成される。

　このように，mRNAやtRNAが仲立ちとなって，DNAの塩基配列がもつ遺伝情報に対応した特定のアミノ酸配列をもつタンパク質が合成される。

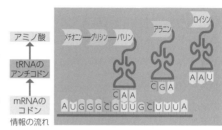

①

②

③

④

翻訳のしくみ

教科書の整理　第2章

②唾腺染色体と遺伝子発現

- 唾腺染色体：ユスリカやショウジョウバエなどの幼虫のだ液を分泌する細胞の染色体。他の細胞の分裂中期の染色体の200倍ほどの大きさがある。
- パフ：唾腺染色体の膨らんでいる部分。転写が活発に行われ，そこにある DNA の塩基配列から RNA の塩基配列が写し取られる。

③ DNA の遺伝情報

- **ゲノム**：真核生物の，体細胞がもつ1対の相同染色体のうち，どちらか一方の組に含まれるすべての遺伝情報
  - 体細胞のもつ染色体には，母親由来のものと父親由来のものの2セットがあり，1セットの染色体の DNA のもつ遺伝情報がゲノムに相当する。
  - 原核生物では，通常，1つの細胞の中にある DNA のもつ遺伝情報がゲノムに相当する。
  - ゲノムの本体は DNA であり，遺伝子領域と非遺伝子領域とからなる。
  - 遺伝情報は DNA の4つの塩基である A，T，G，C の配列からなる。
- DNA と遺伝子：遺伝子の占める部分は全 DNA の約 1.5 % の領域といわれる。
  - ヒトのゲノムは 30 億塩基対からなり，その中には約 20,000 個の遺伝子がある。
- ゲノムプロジェクト：ある生物がもつゲノムを解読して，全遺伝情報を明らかにしようとすること。ヒトゲノムプロジェクトは，2003 年に解読完了
- **発展** 遺伝子診断により病気の予知がある程度可能になったが，知らないでいる権利をどのように守るかが重要な問題
- **発展** ゲノム医療：患者のゲノムの異常同定後の適切な治療
- **発展** 個人の遺伝情報の利用・管理にあたっては，プライバシーを保護するための慎重な運用が，法律で定められている。

テストに出る
生殖細胞は1セットのゲノム，体細胞は2セットのゲノムをもつことをおさえておこう。

テストに出る
ヒトの塩基対の数や遺伝子として働く塩基対の数はよく出題される。

教科書 p.94 　**発展**　**DNA の遺伝情報と遺伝**

①相同染色体　体細胞にある，形や大きさが同じ1対の染色体
・染色体のどの位置にどのような遺伝子があるかは染色体ごとに決まっている。
・**遺伝子座**：染色体上に占める遺伝子の位置
・**対立遺伝子**：ある遺伝子座の遺伝子は，個体間で少し異なっている場合がある。その個体間で異なっている遺伝子
・**顕性遺伝子**：対立遺伝子のうち，顕性形質を発現させるもの
・**潜性遺伝子**：対立遺伝子のうち，潜性形質を発現させるもの
・**遺伝子型**：以下のような遺伝子の組み合わせ
　・例えば，ある形質の発現が，1組の対立遺伝子A（顕性遺伝子），a（潜性遺伝子）によって支配されるとする。
　→体細胞に含まれる2本の相同染色体には，それぞれAまたはaのどちらかの遺伝子があるので，体細胞に含まれる遺伝子の組み合わせは，AA，Aa，aa の3通りがある。
　→遺伝子型が AA または Aa の個体では顕性遺伝子であるAの働きにより顕性形質が，aa の個体では潜性形質が現れる。
・**表現型**：以上のような実際に現れる形質

②減数分裂
・有性生殖では，卵と精子などが減数分裂を経てつくられ，それらが合体して新しい個体をつくる。
・第一分裂と第二分裂の2回の分裂が連続して起こり，染色体数は半減する。
・体細胞分裂と同様に分裂以前に DNA が複製される。
　・第一分裂：相同染色体が互いに異なる細胞に分配
　・第二分裂：複製された DNA が分かれて互いに異なる細胞に分配
・エンドウの種子の形を〔丸〕か〔しわ〕に決める対立遺伝子（Aとa）と，子葉の色を〔黄色〕か〔緑色〕に決める対立遺伝子（Bとb）は別の染色体上にある。
　→純系の個体〔丸・黄〕（遺伝子型 AABB）と〔しわ・緑〕（遺伝子型 aabb）を，親世代として交配すると，得られたF_1はすべて〔丸・黄〕（遺伝子型 AaBb）
　→F_2は〔丸・黄〕：〔丸・緑〕：〔しわ・黄〕：〔しわ・緑〕＝9：3：3：1

発展　細胞の分化と技術の革新

教科書 p.96

・**全能性**：受精卵のように，その種の個体のすべての細胞に分化し完全な個体を形成する能力

・**多能性**：すべてではないが，いくつかの種類の細胞に分化する能力

・**幹細胞**：動物では発生が進むにつれて，ほとんどの体細胞は多能性を失うが，多能性を維持したまま自己複製できる細胞。体の組織に含まれ，その組織に細胞を供給し続ける。

①**核移植実験**　ガードンは，紫外線で核を不活性にしたカエルの未受精卵に，おたまじゃくしの細胞から取り出した核を移植した。

　　→核を移植された未受精卵のいくつかは正常に発生し，成体になった。

　　→分化した細胞も受精卵と同じ遺伝情報をもつこと，体を構成するすべての細胞は同じ遺伝情報をもっていることが示された。

②**ES 細胞**（胚性幹細胞 embryonic stem cell）　マウスやヒトの初期の胚から，胎児になる部分（内部細胞塊）を取り出し培養することで得られる，多能性を維持したままの細胞

・培養条件を変えることにより，様々な細胞に分化する。

・ES 細胞を用いた再生医療の研究も進んでいるが，ES 細胞を得るためには卵を用い，発生途中の胚をばらばらにして培養する必要があるため，倫理上の議論がなされている。

③**iPS 細胞**（人工多能性幹細胞 induced pluripotent stem cell）　山中伸弥らがマウスやヒトの皮膚細胞に，転写に関わる４種類の遺伝子を人為的に発現させる方法で作製した，多能性をもつ細胞

・培養条件を変えることにより，様々な細胞に分化する。

・患者本人の細胞からつくれるため，患者本人に移植しても拒絶反応はないと考えられる。

・ES 細胞のように胚を使う必要がない。

④**医療への応用**　ES 細胞や iPS 細胞から分化させた細胞や組織を，機能が低下した組織や器官に移植し，機能を回復させる医療の研究が進んでいる。

・ガードンと山中伸弥は，2012 年にノーベル生理学・医学賞を受賞した。

探究・資料学習のガイド

教科書 p.63 ▲探究 2-1 **DNA はどのような構造をしているのだろうか**

|分析| A と G，T と C の含まれる割合が同じ

|考察| ③。ちなみに，この考察からさらにどのようなことがいえるか，考えてみよう。ワトソンとクリックは DNA の構造を提案したときには，教科書の p.68 にかかれていることまでその論文にかいている。

教科書 p.69 ▲探究 2-2 **DNA 複製の様子**

|考察| ① 仮説 1 が正しければ，軽い DNA 鎖と重い DNA 鎖が 1：1 となる。仮説 3 が正しければ，中間の重さの DNA 鎖のみができる。

② 仮説 2

③ 軽い DNA 鎖：中間の重さの DNA 鎖が，7：1 となる。

　　軽い窒素原子からなるヌクレオチド中で培養するため，新たに合成される DNA は軽いもののみとなる。軽い DNA 鎖からは軽い DNA ができるので，第 2 世代の 1 つの DNA 鎖を分裂させて得られた第 3 世代の DNA 鎖について，3 ある軽い DNA 鎖から，6 の軽い DNA 鎖ができる。1 ある中間の重さの DNA 鎖からは，軽い DNA 鎖と中間の重さの DNA 鎖が 1 つずつできるので，第 4 世代では，軽い DNA 鎖：中間の重さの DNA 鎖が，7：1 となる。

教科書 p.76 ▲探究 2-3 **ブロッコリーから DNA を抽出する**

|考察| つぼみの細胞の方が茎に比べて小さいので，少量の採取で多くの DNA を抽出できるため。

　　ブロッコリーのつぼみは花の芽であり，多数の花粉を含む。花粉は細胞の大きさが小さい。

・DNA 抽出の手順を理解し，身近な材料から DNA が抽出できることに気づこう。

・抽出した物質（白い糸状のもの）の観察を行い，気づいた点を表にまとめたり，DNA 抽出で用いる試薬の役割を理解しよう。

探究・資料学習のガイド　第2章

| 教科書 p.77 | i 資料学習 | **間期と分裂期の細胞の観察** |

ガイド

| 方法 | ① 細胞の変化を止め，生きていたときに近い状態で細胞を保存するための処理である（固定）。

② 細胞どうしの接着をゆるめて，細胞をばらばらにするための処理である（解離）。4％塩酸による解離は60℃以上では行わない。処理温度が高すぎたり，処理時間が長すぎたりすると，染色されないことがある。

③ 根端を切り取るとき，どちら側に分裂組織があるのか，目安をつけておくとよい。酢酸オルセインは，染色体を赤紫色に染める。あたためた酢酸オルセインを滴下すると，よく染色される。

④ 親指で押しつぶすときは，平らな場所で垂直に強く押しつぶし，ねじらないようにする。この操作により，細胞が重なり合わないようにすることで，観察しやすくする。

⑤ 分裂期の細胞は正方形で，核は比較的大きい。分裂が終わっている細胞は長方形である。観察の際は，正方形の細胞の集団を探す。

| 結果 | 間期の細胞は，核の中に核小体が白い球形として明瞭に見える。

染色体は赤紫色の点として，核内に均一に分布している。核膜は薄くて確認できない。間期の細胞が最も多く観察できる。

前期の細胞は，核内に糸状の染色体が丸くからまって見える。

中期の細胞は，染色体が細胞の赤道面といわれる中央部に整列している。紡錘体は細くて見えない。

後期の細胞は，2分した染色体が細胞の両端に移動している。

終期の細胞は，1つの細胞に2つの核があり，染色体が糸状から点に戻りつつある状態が観察できる。細胞板は薄い白線として見える。

| 考察 | ① 2時間　　② 20％　　③ 4時間

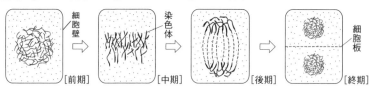

探究・資料学習のガイド　第２章

教科書
p.81 探究 2-4 **塩基配列とアミノ酸の配列はどのように対応しているのだろうか**

分析 4, 4, 16, GCC, ATGG, CCCA

考察 ①

| ATG | GCC | CAG | AGG | ATG | CGC | CAC | CAG |
| ATGG | CCCA | GAGG | ATGC | GCCA | CCAG | CCCA | TGGC |

②　メチオニンと ATG の対応や，グルタミンと CAG の対応が一致しているようである。塩基３つの配列がアミノ酸を指定すると考えられる。

・DNA の塩基配列とタンパク質を構成するアミノ酸配列を比較し，DNA の遺伝情報がアミノ酸の配列としてタンパク質に置き換えられるしくみを理解しよう。

・DNA には塩基配列という形で遺伝情報が含まれる。では，遺伝情報とは何を意味しているのだろうか，考えてみよう。

・４種類の文字で，４種類以上の意味をもたせるにはどうすればよいか，例えば，１〜９の数字でも，２桁，３桁と桁数がふえると，多くの数値が表すことができる。

・表の中に塩基配列を書き込んでいくと，４つの塩基で１つのアミノ酸を指定する場合に矛盾が生じることに気づこう。

教科書
p.86 **資料学習** **遺伝暗号の解読**

考察 ①　UGU と GUG

②　UGG, GGU, GUG

③　システイン UGU　バリン GUG

問のガイド

教科書
p.72

問 1 染色体の本数が多いほど，複雑な構造をもった生物であるといえるだろうか。

答 いえない。
表2を見る限り染色体数と生物の複雑さとは関係がない。

教科書
p.80

問 2 アミノ酸を鎖状に5個つないだポリペプチドは，何種類つくることができるか。

答 $20×20×20×20×20＝3200000$ 種類

考えようのガイド

教科書
p.66

考えよう|探究問題 エイブリーが実験をした当時は，タンパク質が遺伝子を担う物質であるという仮説と，DNAが遺伝子を担う物質であるという仮説があった。図bの実験の結果からどちらの仮説が正しいと考えられるか。その理由を答えよ。

答 タンパク質ではなく，DNAが遺伝子を担う物質である。その理由は，S型菌の抽出液のDNAを分解すると形質転換が起こらなくなったが，S型菌の抽出液のタンパク質を分解しても形質転換は起こるから。

部末問題のガイド

❶ DNA の構造

関連：教科書 p.64〜65

次の文章を読み，下の問いに答えよ。

細胞の核に多く含まれる物質で遺伝情報を担う物質は [　①　]である。[　①　]は[　②　]が多数結合した鎖状の分子で，[　③　]・糖・塩基からできている。[　①　]の糖は [　④　]で，塩基には，[　⑤　](A)，[　⑥　](T)，[　⑦　](G)，[　⑧　](C) の 4 つの種類がある。

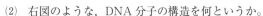

(1) 文章中の空欄[　①　]〜[　⑧　]に入る適当な語句を答えよ。

(2) 右図のような，DNA 分子の構造を何というか。

(3) 右図の，DNA の一方の鎖が決まれば，もう一方の鎖の塩基配列が決まるような関係性を何というか。

(4) DNA に含まれる C の個数の割合が 24.0 ％のとき，A の割合は何％か。

(5) ある生物の生殖細胞がもつ染色体にある全遺伝情報を何というか。

ポイント (1)　DNA のヌクレオチド＝リン酸＋糖（デオキシリボース）＋塩基（アデニン，チミン，グアニン，シトシン）

(4)　A は T と，G は C と同量存在する（シャルガフの法則）。

解き方 (1)　核酸には DNA と RNA がある。DNA のヌクレオチドをつくる糖はデオキシリボース（RNA はリボース）で，塩基はアデニン(A)，チミン(T)（RNA はウラシル(U)），グアニン(G)，シトシン(C)。

(3)　2 本のヌクレオチド鎖の向かい合った塩基は，必ず A と T，G と C が対になるように結合する。このような性質を相補性という。

(4)　シャルガフの法則より，G の個数の割合も 24.0 ％になるので，A と T の割合はそれぞれ，(100−24.0×2)÷2＝26.0 ％

答 (1)　①　DNA　　②　ヌクレオチド　　③　リン酸

④　デオキシリボース　　⑤　アデニン　　⑥　チミン

⑦　グアニン　　⑧　シトシン

(2)　二重らせん　　(3)　相補性　　(4)　26.0 ％　　(5)　ゲノム

❷遺伝情報の複製と分配

関連：教科書 **p.69～71, 74～75, 77**

次の文章を読み，下の問いに答えよ。

体細胞分裂の場合，間期の[①]期に，母細胞に含まれる DNA と全く同じ塩基配列をもつ DNA が合成される。このような DNA 合成を DNA[②]という。その後，[③]期の間に2つの DNA は娘細胞にそれぞれ分配され，娘細胞は母細胞と同じ遺伝情報をもつようになる。[③]期の後期には細胞質が2つに分かれ，分裂は完了する。この一連の周期的過程を細胞周期という。

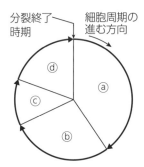

(1) 文中の空欄[①]～[③]に入る適切な語句を答えよ。

(2) 右図は，細胞周期の各時期の長さを表す。次の(ア)～(エ)は，右図ⓐ～ⓓのどの時期に相当するか。各時期の名称とともに答えよ。

(ア)細胞分裂を行う時期　　(イ)DNA を合成する時期

(ウ)分裂を準備する時期　　(エ)DNA 合成を準備する時期

(3) ある組織の細胞 1000 個を観察したところ，DNA を合成する時期の細胞が 400 個存在していた。DNA を合成する時間は何時間か答えよ。ただし，この組織では，細胞周期は同調しておらず，1周期の長さは 20 時間だった。

ポイント (3)　細胞周期のそれぞれの時期の細胞数は，その時期にかかる時間の長さに比例するので，各時期に要する時間$=20$ 時間$\times\dfrac{\text{各時期の細胞数}}{\text{観察した細胞数}}$

解き方 (1)(2)　分裂終了後，G_1 期(DNA 合成準備期)→S 期(DNA 合成期)→G_2 期(分裂準備期)→分裂期(M 期)と進む。

(3)　20 時間$\times\dfrac{400}{1000}=8$ 時間

答 (1)　①　**S(DNA 合成)**　　②　**複製**　　③　**分裂(M)**

(2)　(ア)　ⓓ，**分裂期(M 期)**　　(イ)　ⓑ，**S 期(DNA 合成期)**

(ウ)　ⓒ，**G_2 期(分裂準備期)**　　(エ)　ⓐ，**G_1 期(DNA 合成準備期)**

(3)　**8 時間**

❸遺伝情報の流れ

関連：教科書 p.69〜70，82〜84

右図は，遺伝情報の発現の過程をまとめたものである。以下の問いに答えよ。

(1)　A・B・C の段階をそれぞれ何というか。

(2)　核内で行われる過程を A〜C からすべて選び，記号で答えよ。

ポイント (1)(2)　次の 3 つの基本をしっかりおさえておく。

複製：もとの DNA と同じ DNA がつくられること

転写：DNA の塩基配列を写し取りながら RNA がつくられる過程

翻訳：RNA の塩基配列がアミノ酸配列に読みかえられ，タンパク質が合成される過程

答 (1)　A　複製　　B　転写　　C　翻訳

(2)　A，B

❹思考力 UP 問題

関連：教科書 p.83〜84

転写と翻訳に関する次の問いに答えよ。

(1)　次に示す DNA の 2 本鎖のうち，下の方の鎖を鋳型として転写したとき，どのような塩基配列の mRNA ができるか。

DNA の配列
┌ G T T C A C C T C A C T C C C G A A G A A
└ C A A G T G G A G T G A G G G C T T C T T

(2)　下の表に示す塩基配列をもつ 2 種類の RNA を人工的に合成した。これらの RNA Ⅰ と RNA Ⅱを鋳型として，試験管内でタンパク質を合成したところ，それぞれタンパク質が得られた。このとき，アミノ酸aとアミノ酸bを指定する塩基配列を，下の選択肢⑦〜⑦からそれぞれ 1 つずつ選べ。ただし，タンパク質の合成は，RNA のどの塩基配列からも生じる可能性があるものとする。

	塩基配列	得られたタンパク質
RNA Ⅰ	UGUGUGUGUGUGUG	アミノ酸aとアミノ酸bが交互に結合したタンパク質
RNA Ⅱ	UUGUUGUUGUUGUU	アミノ酸aのみ，アミノ酸cのみ，アミノ酸dのみが結合した3種類のタンパク質

選択肢　㋐　UG　　㋑　GU　　㋒　UGU　　㋓　GUG
　　　　㋔　UUG　　㋕　GGU　　㋖　UGUG　　㋗　GUGU

(3)　すべての体細胞は，1個の受精卵から分裂してできるため，全く同じ遺伝情報をもっている。それにも関わらず，インスリンをつくる細胞がヘモグロビンをつくることはない。その理由を簡潔に説明せよ。

ポイント

(1)　RNA は，DNA の塩基配列を写し取りながらつくられる（転写）。DNA は塩基にチミン（T）をもつが，RNA はチミンではなくウラシル（U）をもつ。そのため，DNA の A には U が相補的に結合し，T には A，C には G，G には C が相補的に結合する。

(3)　動物の体は，筋肉を構成する細胞，唾腺の細胞，すい臓でインスリンを合成する細胞など，多くの分化した細胞から構成されており，それぞれの細胞で特定の遺伝子が発現している。細胞が同じ遺伝情報をもちながら特定の形や働きをもつようになるのは，それぞれの細胞が特定の遺伝子のみを発現しているからである。

答

(1)　GUUCACCUCACUCCCGAAGAA

(2)　アミノ酸a　㋒　　アミノ酸b　㋓

(3)　解答例：個体を構成するすべての細胞は同じ遺伝子をもっているが，個体の部位に応じて発現している遺伝子が異なるため。

❺思考力 UP 問題　　　　　　　　　　　　　関連：教科書 **p.92**

　下の表は，キイロショウジョウバエとヒトについて，ゲノムあたりの総塩基対
数と遺伝子数を示したものである。これに関する以下の問いに答えよ。

生物名	総塩基対数	遺伝子の数
キイロショウジョウバエ	1.8×10^8	13,600
ヒト	3.0×10^9	20,000

(1)　DNA の塩基対と塩基対の間隔は，3.4×10^{-10} m である。キイロショウジョ
　　ウバエの精子の核 1 個に含まれている DNA の長さは何 mm になるか。次の
　　⑦～⑦から最も近い値を選び，記号で答えよ。

　　　⑦　60 mm　　　⑦　120 mm　　　⑦　600 mm　　　⑦　1200 mm
　　　⑦　2400 mm

(2)　ヒトの 1 本の染色体には，平均で何個の遺伝子があると計算できるか。小数
　　点以下を四捨五入して答えよ。ただし，ヒトの生殖細胞がもつ染色体は 23 本
　　である。

(3)　DNA のうち遺伝子として働いていない領域の割合は，キイロショウジョウ
　　バエとヒトではどちらが大きいか。ただし，1 個の遺伝子は，平均 1.2×10^3
　　塩基対からなるものとする。

ポイント　(1)　キイロショウジョウバエの総塩基対数は，表から読み取れる。
　　　　　　(2)　表にかかれた遺伝子の数は，ヒトのすべての染色体の遺伝子の合計
　　　　　　　　であることに注意する。
　　　　　　(3)　DNA のすべてが遺伝子として機能しているわけではない。

解き方　(1)　塩基対と塩基対の間隔に，総塩基対数をかければ，DNA の長さが求
　　　　　　　　められる。
　　　　　　(2)　表にかかれた遺伝子の数を，染色体の数でわれば求められる。

答　(1)　⑦　　(2)　870 個　　(3)　ヒト

第3部　ヒトの体の調節

第3章　神経系と内分泌系による調節

教科書の整理

第①節　情報の伝達
教科書 p.104〜123

A　体液と恒常性

・体外環境（気温，光や湿度などの外部の環境）は変わりやすく，生物は常に影響を受けている。

・動物のほとんどの細胞は，**体液**に浸されており，体外の環境に直接は触れていない。

・**体内環境**（内部環境）：体液がつくる環境。細胞にとって体液は直接の環境である。

・**恒常性**（ホメオスタシス）：生命が体内環境を一定に保とうとする性質

　・ヒトの体液の無機塩類・酸素の濃度や，pH・温度などは，体外の環境が変化してもほぼ一定に保たれる。

　→体外環境が変化しても，体は安定して活動することができる。

　・ヒトの体内温度は，激しく動いているときも，夏でも冬でも，ほぼ37℃に維持されている。

①**体液とその成分**　脊椎動物の場合，体液は**血液**（血管の中を流れる体液）・**組織液**（細胞間を満たす体液）・**リンパ液**（リンパ管の中を流れる体液）に分けられる。

・血液：液体成分の**血しょう**（血漿）と，有形成分の**赤血球・白血球・血小板**がある。

・血しょうの一部は毛細血管からしみ出て組織液となる。

・組織液は細胞を浸していて，栄養分や酸素を細胞に供給し，二酸化炭素や老廃物を受け取る。

・組織液の大部分は再び毛細血管内に戻るが，一部はリンパ管

⚠ここに注意

肺や消化管の内側は，直接体外とつながっているので，体外の環境になる。

🔍もっと詳しく

ヒトの成人の場合，血液は体重の約13分の1を占める。

ヒトの血液の構成成分

名　前		特　徴	大きさ(直径)	核	数(血液１mm³中)
有形成分	赤血球	円盤状　酸素を運搬する。	7～8 μm	無核 成熟する ときに 核を失う。	380万～550万個(女性) 420万～570万個(男性)
	白血球	免疫に関係する。	12～25 μm	有核	4000～9000個
	血小板	血液凝固で働く。	2～3 μm	無核	15万～40万個
液体成分	血しょう	血液の約55％を占める。血しょうは次の成分(質量％)からなる。水(約91％)，タンパク質(約7％)，無機塩類(約1％)，その他の有機物(約1％)			

に入りリンパ液となる。

・リンパ液には，白血球の一種であるリンパ球が含まれている。

②**血液の働き**　血管内を通って体内を循環する。血液は物質や熱などを運搬し，体内環境を一定にする。

・赤血球：肺から組織へ酸素を運ぶ。

・白血球：侵入した細菌をはじめとする異物から体を守る。

・血小板：血液凝固により止血に役立っている。

・血しょう：主成分は水であり，それにタンパク質や無機塩類，グルコースなどの栄養分が含まれている。細胞で生じた老廃物を腎臓へ，二酸化炭素を肺へ運ぶ。ホルモンや抗体などの，重要な物質も含まれている。

③**赤血球とヘモグロビン**

・**ヘモグロビン(Hb)**：赤血球に含まれるタンパク質。肺で酸素(O_2)と結合して全身の組織へ酸素を運搬する。

・肺のように酸素の濃度が高く，二酸化炭素(CO_2)の濃度が低い環境では，ヘモグロビンは酸素と結合して酸素ヘモグロビン(HbO_2)となる。

・体の各組織のように酸素濃度が低く，二酸化炭素濃度が高い環境では，酸素ヘモグロビンから酸素が離れてヘモグロビンとなり，組織に酸素が供給される。

もっと詳しく

魚類や両生類，鳥類の赤血球には核がある。

テストに出る

有形成分である血球はすべて，骨髄中の造血幹細胞が分裂し分化してできる。ヒトの赤血球は，つくられてから約120日後に，ひ臓や肝臓で壊される。

・動脈血：酸素ヘモグロビンを多く含む血液。明るい色をしている。

・静脈血：酸素ヘモグロビンが少ない血液。暗い色をしている。

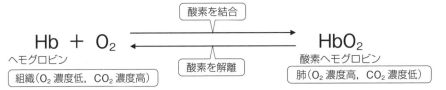

酸素を結合

$$Hb + O_2 \longleftrightarrow HbO_2$$

ヘモグロビン　　　　　　　　　　　　　　　酸素ヘモグロビン

酸素を解離

組織（O_2濃度低，CO_2濃度高）　　　　　　肺（O_2濃度高，CO_2濃度低）

・それぞれの血液の色は，ヘモグロビンと酸素ヘモグロビンの色の違いが反映されている。

・各組織で生じた二酸化炭素は，赤血球にある酵素によって炭酸水素イオン（HCO_3^-）に変わる。

　→血しょうに溶けて肺に運ばれ，炭酸水素イオンは赤血球にある酵素によって二酸化炭素に変わり，肺から排出される。

④**酸素解離曲線**　酸素濃度と酸素ヘモグロビンの割合の関係を表したグラフ

・血液中のヘモグロビンのうち，酸素と結合しているヘモグロビンの割合は，酸素濃度が高くなるほど大きくなる。

・二酸化炭素濃度が高いと，酸素を解離するヘモグロビンの割合は高くなる。

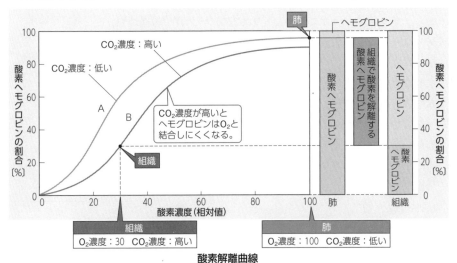

酸素解離曲線

→多くの二酸化炭素を放出している組織では，多くの酸素へモグロビンから酸素が離れる。

・酸素へモグロビンから離れた酸素は，組織に供給される。

・同じ酸素濃度で比べると，曲線Ａ（二酸化炭素濃度の低い場合）よりも曲線Ｂ（二酸化炭素濃度の高い場合）のほうが，酸素へモグロビンの割合が低い。

⑤**血液凝固**　出血の際，血液が凝固する一連の反応

・血管が傷つくと，その部分に血小板が集まって，ある程度傷口をふさぐ。

　→血小板から放出される血液凝固因子の働きにより，**フィブリン**という繊維状のタンパク質が形成される。

　→フィブリンが集まって血球をからめて**血ぺい**をつくる。

　→血ぺいが傷口をふさぐ。

・新鮮な血液を採取してしばらく放置すると，血液凝固が観察される（フィブリンが，赤血球や白血球などをからめて固まり，沈殿物となる）。

　・沈殿物が血ぺい，やや黄色い透明の上澄みの液体が**血清**

・傷ついた血管は，血ぺいによって止血されている間に修復される。

　→修復が終わると，血ぺいは取り除かれ，血液が血管内をもとのように流れるようになる。

　・**線溶**（フィブリン溶解）：血液中の酵素により，固まったフィブリンが分解される現象。線溶により血ぺいが溶けて取り除かれる。

テストに出る
組織で解離する酸素の割合などが問われるので，酸素解離曲線のグラフから読み取れるようにしておこう。

ここに注意
組織で放出される O_2 量＝肺と組織での O_2 の結合量の差

ここに注意
血清は血しょうと同じものではない。

教科書の整理　第３章

教科書 **p.109**　**発展**　**血液凝固のしくみ**

　出血すると傷口では，血小板と組織から血液凝固因子が放出される。

→一連の過程を経て，血液中の**プロトロンビン**が**トロンビン**となる。

・トロンビン：タンパク質分解酵素で，血液中に溶けている**フィブリノーゲン**というタンパク質に作用し，その一部を取り去って，フィブリノーゲンをフィブリンに変える。

・フィブリンは細長い分子で，分子の末端や側面どうしで多数が結合し，太くて長いフィブリン繊維をつくる。この繊維が血球をからめて血ぺいをつくる。

教科書の整理　第3章

⑥**血液の循環**　血液は体内を循環する。

・閉鎖血管系：心臓から送り出された血液が動脈を通って毛細血管に至り，静脈を経て心臓に戻る血管系。動脈は毛細血管で静脈とつながっている。脊椎動物は閉鎖血管系である。

・肺循環：右心室から送り出された血液が，肺で酸素を受け取って，左心房に戻る循環

・体循環：肺から心臓に戻った血液が，左心室から全身へと送られ，全身の細胞へ酸素を供給して，右心房に戻る循環。

・ヒトの血管には，動脈・静脈・毛細血管の区別がある。

　・動脈：心臓から体の各部へと向かう血液が流れる血管。血管壁が厚く弾力があり，高い血圧に耐える。

　・静脈：体の各部から心臓に戻る血液が流れる血管。血管壁は動脈より薄く，血液の逆流を防ぐ弁がある。

　・毛細血管：一層の細胞からなり，細胞間のすきまなどを通って，物質が出入りする。

・リンパ液は体内を流れ血液と合流する。

・**循環系**：体液を循環させるしくみ

参考　昆虫などは開放血管系で，動脈の末端が開いており，血液は動脈から組織のすきまに流れ出し，静脈を経て心臓に戻る。閉鎖血管系は開放血管系に比べ，血圧を高く保つことができる。

⑦**心臓と血管**

・心臓は血液を送るポンプである。

・ヒトの心臓は，ほぼ一定のリズムで収縮・弛緩を繰り返す。

・**洞房結節**（ペースメーカ）：右心房にあり，心臓の収縮・弛緩のリズムをつくり出す部分。電気的な信号を出し，その信号は洞房結節から心臓全体に伝わり心臓を拍動させる。

B　自律神経系と恒常性

①**神経系のなりたち**

・**神経系**：長い突起をもつ**神経細胞（ニューロン）**からなり，神経細胞は興奮といわれる信号を伝える。**中枢神経系**と**末梢神経系**に区別される。

・**中枢神経系**：多数の神経細胞が集まっている領域で，脳と脊

毛細血管

血しょう

組織

組織液

リンパ管

リンパ液

体液の移動

もっと詳しく

成人のヒトの心臓が1回収縮すると，左心室から約70 mLの血液が送り出される。

髄からなる。体の各部からの情報を受け取って統合したり，体の各部に適切な命令を出したりする働きをもつ。

- ・ヒトの脳：大脳，**間脳**，中脳，小脳，**延髄**に分けられ，それぞれ決まった役割を担っている。
- ・**脳幹**：間脳，中脳，延髄をまとめて脳幹という。生命維持に重要な機能をもつ。

・**末梢神経系**：中枢神経系と体の各部をつなぎ，すばやく情報を伝える働きがある。

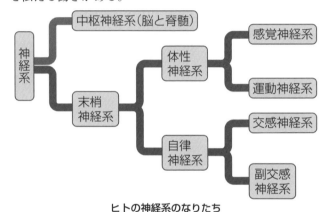

ヒトの神経系のなりたち

📓**テストに出る**
左の図のような神経系の分類を理解しておこう。

②自律神経系と内分泌系

・**自律神経系**：末梢神経系のうち，意思とは無関係に自律的に働き，恒常性の維持に重要な働きをする神経系

- ・**交感神経系**と**副交感神経系**からなる。
- ・中枢は，主に間脳の**視床下部**といわれる部分にある。

・視床下部は体温，血糖濃度，塩類濃度などの体内環境の変化を感知する。

→自律神経系を使って内臓や血管，内分泌腺に命令を送る。

→それらの働きやホルモンの分泌量を調節する。

・視床下部とそれにつながった**下垂体**(**脳下垂体**)は，内分泌系の中枢としてホルモンによる調節も行う。

・間脳の視床下部は，体内環境の変化を絶えず感知し，自律神経系と**内分泌系**により，体内環境を調節する(体温や血糖濃度，塩類濃度などが高いときには下げるように，低いときには上げるように調節し，体内環境を一定に保つ)。

🔍**もっと詳しく**
間脳は視床と視床下部に分けられる。視床は，脊髄から大脳へ入る感覚神経の中継点となる。

教科書の整理　第３章

・心拍の調節：運動をすると心拍数が増加する。

・運動による二酸化炭素濃度の上昇などの体内環境の変化を，中枢神経系が感知する。

　→自律神経系を通じて心臓の洞房結節に心拍数を増加させる命令を送る。

　→血流量が増加し，より多くの酸素や栄養分が体中に運搬され，二酸化炭素は取り除かれる。

・自律神経系は体内環境の変化に応じて，様々な器官の働きを調節することで，恒常性の維持に役立っている。

③交感神経系と副交感神経系

・交感神経系が働くと，緊張が高まって活発に活動するのに適した状態になる。

　・心拍数が上がり，皮膚の血管が収縮して血圧も上がり，気管支が拡張し，酸素の豊富な血液が盛んに筋肉に送られ，活動しやすい状態になる。

　・交感神経系は脊髄から出て，各器官につながっている。

・副交感神経系が活動すると，心拍数や血圧は下がり休息に適した状態になる。

　・消化管における消化活動などが盛んになる。

　・副交感神経系は中脳・延髄・脊髄の下部から出て，各器官につながっている。

> **テストに出る**
> 交感神経と副交感神経が働く場合をそれぞれ整理しておこう。

・活発な行動時
・興奮や緊張時
・エネルギーを消費する方向に働く

交感神経系	組織・器官	副交感神経系
拍動促進	心臓	拍動抑制
拡張	気管支	収縮
収縮	立毛筋	－
拡大	瞳孔	縮小
ぜん動抑制	胃腸	ぜん動促進
分泌抑制	消化腺	分泌促進
排尿抑制	ぼうこう	排尿促進

・安静時
・疲労回復時
・エネルギーを蓄積する方向に働く

自律神経系の働き　表中の「－」は副交感神経系が分布していないことを示す。

・多くの器官は，交感神経と副交感神経の両方から支配を受けていて，２つの神経が互いに反対の作用(拮抗作用)を及ぼすことにより器官の働きが調節されている。

⑤**心臓の拍動の調節**　心臓の拍動も，交感神経と副交感神経が拮抗的に作用することで調節される。

⑥**脳　死**　脳幹を含めたすべての脳の機能が停止し，自力で呼吸できず，脳機能の回復の見込みがない状態

・心臓の拍動は，自律神経系とアドレナリンによって維持されている。

→脳幹の機能が停止すると，呼吸や心臓へつながる自律神経系が働かず，呼吸を続けるためには，人工呼吸器の助けが必要である。

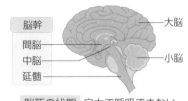

脳幹
間脳
中脳
延髄
大脳
小脳

脳死の状態　自力で呼吸できない

→さらに，心臓の拍動を助ける薬剤の投与がなければ，数日間で心停止となる。

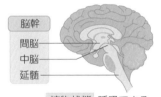

脳幹
間脳
中脳
延髄

植物状態　呼吸できる

　　　機能していない部位

脳死と植物状態の違い
　脳死は脳幹も含めたすべての脳機能が停止している状態である。植物状態では自力で呼吸が可能な程度には脳幹機能が維持されている。

・植物状態：大脳の機能が停止しても，脳幹の機能が維持され，自力での呼吸が可能で，心臓の拍動も維持されている状態

⑦**脳死と一般的な死**　医学的に脳死として判定されるためには，以下の5項目すべてを満たし，かつ6時間後にも同じ症状を呈している必要がある。

・深いこん睡
・瞳孔の固定と散大
・脳幹反射の消失
・平たんな脳波
・自発呼吸の消失

・通常の医学的な死の判定：自発的な呼吸の停止，心拍の停止，瞳孔が開く，の3つの兆候が認められることが基準

⑧**臓器移植**　脳死状態でも，他の臓器の多くは正常に機能していることが多い。

→脳死患者の心臓や肝臓などを，臓器の移植を待つ患者へと移植する，脳死臓器移植も行われている。

・移植は，脳死患者本人の脳死判定前の意思や，その家族の承諾などをふまえたうえで，実行が判断される。

教科書 p.117　発展　神経細胞

・**神経細胞（ニューロン）**：神経系において，情報を伝えたり処理したりする細胞。**細胞体**から普通1本の**軸索**と多数の**樹状突起**が突き出した形をしている。

・感覚細胞（眼・耳・鼻など）で受容した光・空気の振動・空気中の化学物質などの刺激は，電気的な信号の形で神経細胞の長い軸索を運ばれていく。

・**伝導**：神経細胞内で情報が伝わること

・**シナプス**：軸索の末端と隣の細胞との接続部

・**伝達**：シナプスで情報が伝わること

・**神経伝達物質**：多くのシナプスにおいて情報を伝える化学物質

・軸索上で情報を運ぶのは電気的な信号であるが，多くのシナプスにおいて情報を伝えるのは化学物質である。

教科書 p.117　発展　心臓の拍動を制御する物質

・交感神経や副交感神経が働くときには，神経の末端から物質が分泌され，それが各器官に作用する。

・このような物質の存在は，カエルの心臓の拍動を調べたドイツの**レーウィ**の研究から明らかになった（1921年）。

　・レーウィは，2匹のカエルから心臓AとBを取り出し，Aには副交感神経を残しておいた。

　→心臓Aを流れ出たリンガー液（カエルの体液に似た塩類溶液）が心臓Bに流れ込むようにした。

　→この状態で心臓は規則正しく拍動していた。副交感神経に電気刺激を与えると，心臓Aの拍動は急に緩やかになったが，少し遅れて，心臓Bの拍動も緩やかになった。

　→レーウィは，副交感神経の末端から拍動を緩やかにする物質が分泌されると考えた。

・**ノルアドレナリン**：交感神経の末端から分泌される物質

・**アセチルコリン**：副交感神経の末端から分泌される物質

C 内分泌系

・心臓の拍動にはホルモンであるアドレナリンが重要な働きをする。

・**ホルモン**：体内の特定の器官の細胞でつくられ，血液中に分泌されて体内の他の場所に運ばれ，そこに存在する特定の器官や組織の活動に一定の変化を与える化学物質

・**内分泌腺**：ホルモンをつくる特定の器官や細胞

・**内分泌系**：ホルモンが分泌され，運搬され，働くしくみ全般

・体内環境の調節には，自律神経系と内分泌系が関わっている。

①ホルモンと標的器官

・**標的器官**：ホルモンが作用する特定の器官。**標的細胞**(特定のホルモンだけが結合する**受容体**をもつ細胞)が存在する。

・ホルモンの受容体にホルモンが結合すると，それが引き金となり，標的細胞の活動に変化が起きる。

・内分泌系の場合，血流は体全体に行き渡るため，多くの器官が同一のホルモンによって制御される場合もある。

・神経系の場合，特定の神経は特定の器官にだけ分布して制御することが多い。

・ホルモンは血流によって運ばれる。→内分泌系を介した反応は，神経系を介するものと比べ，反応が現れるまでに時間がかかるが，反応の持続時間は長い。

②外分泌腺と内分泌腺

・外分泌腺：体外へ物質を分泌する器官や細胞。唾液を分泌する唾腺，汗を分泌する汗腺，すい液を分泌するすい臓など。分泌物を体外に導く排出管をもつ。

・内分泌腺：ホルモンを血液中に直接分泌する器官や細胞。排出管はもたない。

参考　食物が胃液とともに胃から十二指腸へ送られると，すい臓から十二指腸へすい液が分泌される。ベイリスとスターリングによって行われた，すい液の分泌を引き起こすものを調べる実験(1902年)によって，ホルモンが発見された。彼らは「胃から十二指腸へと入ってきた塩酸により，十二指腸内壁の細胞が『何か』をつくり，この『何か』が血流にのって

テストに出る
内分泌系による制御と神経系による制御のちがいをおさえておこう。

もっと詳しく
ホルモンを世界で最初に特定の物質(アドレナリン)として取り出したのは，日本人の高峰譲吉である。

すい臓に送られて，すい液を分泌させた」と考え，この『何か』をセクレチンと名づけ，ホルモンという言葉を提唱した。

③**内分泌腺とホルモンの働き**　脊椎動物の内分泌腺には，**下垂体**，**甲状腺**，副甲状腺，**副腎**など多数ある。様々なホルモンを分泌して，それぞれの標的器官の働きを調節している。

・すい臓は，消化管にすい液といわれる消化液を分泌する外分泌腺をもつとともに，**ランゲルハンス島**という内分泌腺をもち，インスリンやグルカゴンなどのホルモンも分泌する。

テストに出る
ホルモンの名称と分泌する内分泌腺，働きはよく出題される。

ヒトの主な内分泌腺とホルモンの働き

内分泌腺	ホルモン		働き
視床下部（間脳）	各種の放出ホルモン		下垂体前葉に働きかけ，ホルモンの分泌を促進（放出ホルモン），または抑制（放出抑制ホルモン）する。神経分泌細胞が分泌する。
	各種の放出抑制ホルモン		
下垂体 前葉	成長ホルモン		骨の発育，タンパク質の合成，体全体の成長を促進する。血糖濃度を増加させる。
	甲状腺刺激ホルモン		甲状腺に働きかけ，チロキシンの分泌を促進する。
	副腎皮質刺激ホルモン		副腎皮質に働きかけ，糖質コルチコイドの分泌を促進する。
後葉	バソプレシン（抗利尿ホルモン）		腎臓での水の再吸収を促進する。血圧を上昇させる。
甲状腺	チロキシン		代謝を活発にする。成長を促進する。
副甲状腺	パラトルモン		骨からCa²⁺を溶け出させて，血液中のCa²⁺濃度を上げる。
すい臓（ランゲルハンス島）	A細胞	グルカゴン	グリコーゲンの分解を促進し，血糖濃度を増加させる。
	B細胞	インスリン	グリコーゲンの合成を促進し，血糖濃度を減少させる。
副腎 髄質	アドレナリン		グリコーゲンの分解を促進し，血糖濃度を増加させる。
皮質	糖質コルチコイド		タンパク質から糖の合成（糖新生）を促進し，血糖濃度を増加させる。
	鉱質コルチコイド		血中のNa⁺とK⁺の量を調節する。腎臓でのNa⁺や水の再吸収を促進する。

教科書 p.121 **発展** **ホルモンの作用のしくみ**

・ホルモンには，細胞膜を通過できるものとできないものとがあり，細胞での反応経路がそれぞれ異なる。
・**水溶性ホルモン**：水によく溶けるホルモン
・水溶性ホルモンや分子量の大きなホルモンは細胞膜を通過できず，細胞膜の表面にあるホルモン受容体に結合する。
・**脂溶性ホルモン**：水には溶けず脂質に溶けやすいホルモン。細胞膜を通過することができ，細胞質や核内にあるホルモン受容体に結合する。

D ホルモン分泌の調節

①視床下部と下垂体　間脳は，視床や視床下部などに分けられる。

・**視床下部**とそれにつながる**下垂体**(脳下垂体)は，ホルモン分泌を調節する中枢として働く。

・下垂体は，前葉と後葉に分かれている。

・**神経分泌細胞**：ホルモンを分泌する神経細胞

・視床下部に細胞体をもつ神経分泌細胞のうち，あるものは**下垂体前葉**へと向かう毛細血管まで突起を伸ばしている。

　→突起の末端からは，放出ホルモンや放出抑制ホルモンが血流中に分泌される。

　→これらのホルモンは，血流により下垂体前葉に流れていき，下垂体前葉からのホルモンの分泌が調節される。

・下垂体前葉は**成長ホルモン**，甲状腺刺激ホルモン，副腎皮質刺激ホルモンなどを分泌する。

・成長ホルモン：体全体の成長を促進させる。

・甲状腺刺激ホルモン：甲状腺に作用しチロキシンの分泌量を増加させる。

・副腎皮質刺激ホルモン：副腎皮質に作用し糖質コルチコイドの分泌量を増加させる。

・視床下部には，**下垂体後葉**まで長い突起を伸ばす神経分泌細胞も存在する。

・下垂体後葉から分泌されるバソプレシン(抗利尿ホルモン)は，これらの神経分泌細胞でつくられたものである。

②下垂体とホルモン分泌の調節　チロキシンの分泌は以下のように調節されている。

・視床下部からの放出ホルモンの働きにより，下垂体前葉から甲状腺刺激ホルモンが血液中に分泌される。

　→血流によって**甲状腺**に達し，甲状腺を刺激してチロキシンの分泌を促進する。

・血液中のチロキシンが多くなる。

　→視床下部や下垂体前葉はそれに反応して，甲状腺刺激ホルモンの分泌を抑制するように働く。

教科書の整理　第３章

テストに出る
チロキシン分泌のしくみを，視床下部→脳下垂体前葉→甲状腺の順に，分泌されるホルモンとともに整理しよう。

→チロキシンの分泌が低下する。

・血液中のチロキシンが少なくなる。

　→視床下部や下垂体前葉が甲状腺刺激ホルモンの分泌を増加
　　させるように働く。

　→チロキシンの分泌が増加する。

・これにより，血液中のチロキシンは適切な濃度に維持される。

③**フィードバック**　最終産物や最終的な働きの効果が，前の段
　階に戻って影響を及ぼすこと

・負のフィードバック：結果と反対方向の変化を促すこと

　・最終産物がふえると減らす，減るとふやすような調節を行
　　う。

　・ホルモンは，負のフィードバックによる調節を受けて，ホ
　　ルモンの濃度が適正な範囲に保たれている場合が多い。

・正のフィードバック：結果と同じ方向の変化を促すこと

　・最終産物がふえるとさらにふやし，減るとさらに減らすよ
　　うな調節を行う。

> **テストに出る**
> ホルモンの分泌調節は負のフィードバックによる調節を受ける場合が多いことを理解しておこう。

第❷節 体内環境の維持のしくみ　　教科書 p.124〜135

A 血糖濃度の調節

・**血糖**：血液中のグルコース。ヒトの細胞は，血液により運ばれたグルコースをエネルギー源として利用し活動している。

①**血糖濃度の変化**　ヒトの血糖濃度(血糖値)は普通，血液 100
mL 中に約 100 mg(血液の約 0.1 %)程度

・食事をとった直後には，血糖濃度は一時的にやや上昇する。

　→副交感神経の働きにより，インスリンが多量に分泌される。

　→血糖濃度が下がりはじめると，インスリンの濃度も下がっ
　　ていく。

・上昇した血糖濃度をもとに戻すことに関わるホルモンは，インスリンだけである。

・血糖濃度が下がった場合には，多くのホルモンが働いて血糖
　濃度をもとに戻す。

・血糖濃度が高くなると，副交感神経が働く。

　→すい臓のランゲルハンス島の**B細胞**から**インスリン**が分泌

> **テストに出る**
> 正常な場合の血糖濃度を覚えておこう。

される。

→インスリンが肝臓に働きかけ，血糖濃度を下げる。

②**血糖濃度が高い場合**　高い血糖濃度が長期間続くと，血管が
もろくなり，障害を引き起こす。食事などにより，血糖濃度
が高くなると，次のようなしくみで血糖濃度が低下する。

・血糖濃度の高い血液が視床下部の血糖調節中枢を刺激する。

→その刺激は副交感神経を通じて，すい臓のランゲルハンス
島のB細胞に伝えられる。

→血糖濃度の高い血液は，直接，ランゲルハンス島のB細胞
を刺激する。

→刺激を受けたB細胞からインスリンが分泌される。

→インスリンは血流によって体の各部に運ばれ，標的細胞で
のグルコースの取り込みと消費を高める。

→インスリンは，肝臓や筋肉が，グルコースを取り込んで**グ
リコーゲン**を合成する反応を促す。

→血糖濃度が低下する。

③**血糖濃度が低い場合**　血糖濃度が下がると，エネルギー不足
で脳細胞の活動が低下し，けいれんを起こしたり，意識を失
ったりする。血糖濃度が下がりはじめると，次のようなしく
みで血糖濃度が上昇する。

・血糖濃度の低い血液が視床下部の血糖調節中枢を刺激する。

→中枢は交感神経や下垂体に指令を出す。

→この指令により，**副腎髄質**からは**アドレナリン**が，下垂体
前葉からは副腎皮質刺激ホルモンが分泌され，**副腎皮質**か
らは**糖質コルチコイド**が分泌される。

→血糖濃度の低い血液による直接の刺激や，交感神経の刺激
により，ランゲルハンス島の**A細胞**からは**グルカゴン**が分
泌される。

→アドレナリンやグルカゴンは，肝臓などの細胞に働きかけ，
グリコーゲンをグルコースに分解する反応を促す。

→糖質コルチコイドはタンパク質からグルコースを合成する
反応(糖新生)を促す。

→血糖濃度が上昇する。

📋**テストに出る**

食事で血糖濃度が上昇→インスリンが多量に分泌される→血糖濃度がもとに戻る，という流れを理解しよう。

🔍🔍**もっと詳しく**

グリコーゲンはグルコースの分子が数千から数万個つながった巨大分子

教科書の整理　第３章

・このように，ホルモンと自律神経が協調し，負のフィードバックによる調節が行われる。→適切な血糖濃度が維持される。

④インスリンと糖尿病

・**糖尿病**：すい臓からのインスリン分泌量が不足するなどして，慢性的に血糖濃度が高くなる病気。慢性的な高い血糖濃度が原因となり，様々な症状が現れる。

・尿中にグルコースが排出されることがある。

・高い血糖濃度が長期間続くと，血管がもろくなり，神経，眼，腎臓，心臓などに障害を引き起こし，様々な別の病気につながることが多い。

○○もっと詳しく

糖尿病では，腎臓でのグルコースの再吸収が追いつかなくなり，尿中にグルコースが排出されることがある。

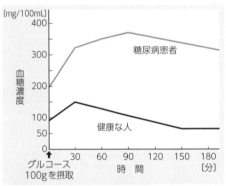

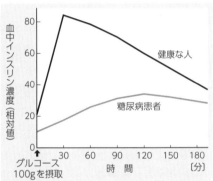

血糖濃度とインスリン濃度の変化　健康な人では，血糖濃度が上昇するとインスリンが分泌され，やがて血糖濃度は正常値に戻る。

教科書 p.128　参考　生活習慣と糖尿病

　糖尿病には，主にⅠ型とⅡ型がある。

・**Ⅰ型糖尿病**：すい臓のランゲルハンス島Ｂ細胞が破壊され，インスリンが分泌されなくなり，血糖濃度が高くなる。

・**Ⅱ型糖尿病**：遺伝・加齢・生活習慣などが原因で，インスリンの分泌量の低下や，標的細胞のインスリンに対する反応性の低下が少しずつ起こり，血糖濃度が高くなる。

・糖尿病の多くがⅡ型糖尿病であり，喫煙・肥満・運動不足が引き金になりやすい。数百万人の日本人がⅡ型糖尿病やその予備軍である。

　→糖尿病になりにくい生活習慣を心掛けることが大切である。

B ヒトの体温調節

・肝臓は血糖濃度の調節だけではなく，**尿素**の合成，**胆汁**の生成，**解毒作用**，体温調節などの働きももつ。

・体温調節の中枢は，間脳の視床下部に存在する。

①**体温が低い場合**　皮膚や血液の温度が下がると，視床下部はそれを感知する。

→交感神経の働きを通して，副腎髄質からアドレナリンの分泌を促す。

→内分泌系に働きかけて糖質コルチコイドやチロキシンの分泌を促す。

→分泌されたアドレナリン・糖質コルチコイド・チロキシンは，肝臓や筋肉などの細胞における代謝を活発にし，発熱量をふやすことで体温を上げる。

→交感神経は皮膚の血管と立毛筋を収縮させ，皮膚から熱が奪われにくくする。

②**体温が高い場合**　体温が上がると，視床下部はそれを感知し，交感神経を通して汗腺からの発汗を促進する。

→汗が蒸発するときに熱を奪うことで体を冷やす。

もっと詳しく
肝臓は，全体の70%程度を切り取っても，再生能力があるためもとの大きさに戻る。

もっと詳しく
肝臓の発熱量は，体内の全発熱量の約20%になる。

教科書の整理　第3章

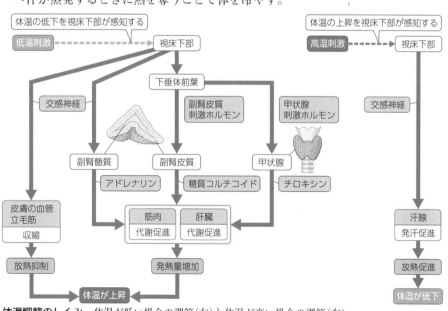

体温調節のしくみ　体温が低い場合の調節(左)と体温が高い場合の調節(右)。

→皮膚の血管は広がり，血液からの放熱量が増加する。

教科書 p.131　参考　肝臓と体液の調節

・肝臓は他の臓器と異なり，動脈だけでなく肝門脈という静脈からも血液が供給されている。

・肝門脈は，消化管やひ臓を肝臓とつないでいる。消化管で吸収されたグルコースやアミノ酸などを豊富に含む血液や，ひ臓で破壊された赤血球の成分を含む血液が肝臓へ送られ，血液と肝細胞との間で物質がやりとりされる。

・肝臓は，以下のような様々な働きを担っている。

　・血糖濃度の調節：食後，小腸で吸収されたグルコースは，肝門脈から肝臓に入り，肝臓の細胞でグリコーゲンに合成されて貯蔵される。空腹時や激しい運動時に血糖濃度が低下すると，肝臓に貯蔵されたグリコーゲンはグルコースに分解されて血液中に放出される。このように，肝臓はグルコースの貯蔵と放出を通して血糖濃度を正常な範囲に保つ。

　・尿素の合成：体内でタンパク質やアミノ酸などが分解されると，有害なアンモニアが生じるが，肝臓は，それを毒性の低い尿素に合成する。尿素は血流により腎臓に運ばれ，体外に排出される。

　・胆汁の生成：胆汁は，肝細胞でつくられ，脂肪を消化しやすくする物質を含んでいる。胆汁は胆管を経て，胆のうに一時的に蓄えられ濃縮される。食物が十二指腸に到達すると，胆汁は十二指腸に放出される。

　・解毒作用：アルコールなどの有害物質は肝臓で分解され，無害な物質に変えられる。

　・体温の保持：肝臓は，熱の発生が筋肉に次いで多い。

　・血しょう中に含まれるタンパク質のほとんどは肝臓で合成されたものである。

　・ビタミンや鉄も肝臓に貯蔵されており，必要に応じて血液中に放出される。

　・古くなった赤血球は主にひ臓で破壊される。このとき，赤血球に含まれるヘモグロビンが分解されてビリルビンという物質が生じる。ビリルビンは肝臓で処理されて，胆汁中に排出され，便の色のもととなる。

C　水分量の調節

・体の水分は，食べ物や飲み物により供給され，尿や汗，呼気などにより失われる。

・腎臓は体内の水分量の調整や，血液中の尿素などの老廃物を

尿として排出する役割をもつ。

①**水分量が不足し，体液の塩類濃度が高い場合**　体の水分量が減少すると，体液の塩類濃度が上昇する。

→間脳の視床下部が体液の塩類濃度の上昇を感知すると，下垂体後葉からのバソプレシン（抗利尿ホルモン）の分泌を促進する。

→**バソプレシン**は腎臓の集合管に働きかけ，水の**再吸収**を促し，尿量を減少させる。

→水分が失われることで，血液の総量が減るため，血圧が低下する。

→腎臓には血圧を感知する機構があり，血圧が下がると副腎皮質に働きかけて，鉱質コルチコイドの分泌を促す。

→鉱質コルチコイドは，腎臓の細尿管や集合管でのナトリウムイオンの再吸収を促進し，それに伴って水の再吸収を増大させる。

・間脳には飲水中枢があり，体の水分量の減少を感知すると，のどの渇きが起こり，飲水行動が起こる。

②**水分が供給され，体液の塩類濃度が低い場合**　水を飲み，体液の塩類濃度が低下すると，バソプレシンの分泌が抑制され，水の再吸収が減少して，尿量が増加する。

もっと詳しく
心臓から出た血液の約４分の１が腎臓を通る。

テストに出る
視床下部→脳下垂体後葉からのバソプレシンの分泌→集合管での水の再吸収の促進，という流れを覚えよう。

教科書の整理　第３章

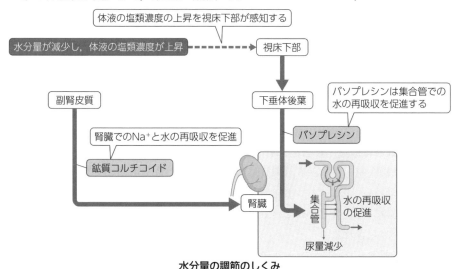

水分量の調節のしくみ

教科書 p.133　参考　腎臓と水分量の調節

・腎臓は，肝臓で合成された尿素やその他の老廃物を尿として排出するしくみをもっている。
・尿の量や尿中の塩類の量を変えることにより，体の水分量や体液の塩類濃度の調節にも寄与している。
・ヒトは腎臓を腹部背側に1対もつ。
・ネフロン(腎単位)：尿を生成する単位構造で，1個の腎臓の中には約100万個のネフロンがある。腎小体とこれに続く細尿管(腎細管)からなる。
・腎小体：糸球体とボーマンのうからなる。
・糸球体：動脈が毛細血管に分かれて塊状になったもので，分かれた毛細血管は再度集まって糸球体から出る。
・ボーマンのう：糸球体を包む袋で，細尿管につながっている。
・細尿管は集合管につながり，さらに腎う，輸尿管，ぼうこうを経て，尿を体外へ排出する。

●腎臓の働き

・尿の生成：尿は2つの過程を経てつくられる。
　・血液は糸球体でろ過される。
　→血球やタンパク質など，糸球体を構成する毛細血管の血管壁を通過できない大きな物質はろ過されず，その他の成分は水とともにろ過されて原尿となる。
　→原尿から体に必要な物質が再吸収され，残りが尿となる。

①　ろ過(糸球体→ボーマンのう)

・血液は，糸球体でろ過されて，血球やタンパク質以外の成分の大部分が，糸球体からボーマンのうの中にこし出される。
　→こし出された液が原尿である。
・原尿の成分は血しょうの成分と似ており，尿の成分とは異なる。

②　再吸収(細尿管・集合管→毛細血管)

・原尿は細尿管へ送られる。細尿管には毛細血管がからみついており，原尿からグルコースのすべてや塩類の大部分が毛細血管内に**再吸収**される。
　→水分は，細尿管とそれに続く集合管を通過する間に，大部分が毛細血管内に再吸収される。
　→再吸収されなかったものが尿となり，腎うを経て輸尿管を通り，ぼうこう

に送られ排出される。

→老廃物の尿素などは再吸収されにくいため，濃縮されて排出される。

・尿の生成では，有用な物質も含めて一度こし出し，そこから必要な成分を再吸収する。このしくみにより，血液中の小さい不要な物質を効率的に排出することができる。

・ボーマンのうにこし出される原尿の量は1日に約170 Lで，尿量は1日に1〜2 Lなので，水の再吸収率は約99%

・水，ナトリウムイオン(Na^+)，カリウムイオン(K^+)などは再吸収率が高い。

血しょうと尿の成分の比較〔質量%〕

表中のイヌリン濃度は，人為的に静脈注射したときの値である。表中の〔%〕は，質量%濃度で示している。

成分	血しょう	原尿	尿
タンパク質	7 %	0 %	0 %
グルコース	0.1 %	0.1 %	0 %
Na^+	0.32 %	0.32 %	0.35 %
K^+	0.02 %	0.02 %	0.15 %
クレアチニン	0.001 %	0.001 %	0.075 %
尿素	0.03 %	0.03 %	2 %
イヌリン	0.1 %	0.1 %	12 %

・再吸収はバソプレシンと鉱質コルチコイドによって調節され，体液の量と塩類濃度がほぼ一定に保たれている。

●濃縮率：ある物質について，血しょう中の濃度に対する尿中の濃度

・血しょうと尿を比べたときに，ある成分の濃さが何倍になったかを表している。

・濃縮率が大きいほど効率よく排出される。

$$濃縮率＝\frac{尿中の濃度}{血しょう中の濃度}$$

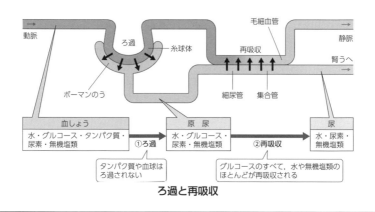

ろ過と再吸収

探究・資料学習のガイド

| 教科書 p.111 | 探究 3-1 | 心拍数が上がるということはどういうことか |

方法 ① 十分に安静の状態になってから測定を始めるようにする。心拍数は手首の内側（橈骨動脈）で測定すればよい。わかりにくいときは，頸部の斜め前方からそろえた指をそっと当て，頸動脈の脈拍を測定してもよい。周囲の人も客観的に知る方法として，脈拍計を使用する。または聴診器を使用するのもよい。脈拍は心臓の拍動が動脈を伝わってきたものであるから，普通脈拍は心拍数に一致すると考えてよい。

② 踏み台昇降は場所をあまりとらず適度な運動量が得られる。

結果 結果は記録用紙にかき，時間を横軸にとって折れ線グラフに表す。表計算ソフトを使うと便利である。

心拍数は運動時に増加し，運動直後にピークに達し，運動終了とともにしだいに減っていき，やがて安静時の状態に戻る。

考察 A 運動前に90弱だった心拍数は，運動直後に120まで上昇し，時間の経過とともに下降して2分後にはほぼ運動前の心拍数に戻った。

B 呼吸が速くなった。

C 運動により血液中の酸素量が減り二酸化炭素量がふえたため，肺呼吸や心臓の拍動，血液の循環が活発になることで，血液中の酸素や二酸化炭素の量を一定にしようとした。

D 血液中の酸素量が十分足りている状態になったことを体が感知し，その情報を心臓に伝えた結果，心拍数が下がった。

もっと詳しく

運動によって汗をかくと，体温も上昇すると予想しがちである。体表面の温度は運動によって上昇するが，深部体温はほとんど上昇しない。
体温が一定なのは，汗が蒸発するときに熱を奪うことで，運動により産生した熱と同じだけの熱が失われているからと考えられる。

教科書 p.115 ⚗探究 3-2 **心臓の拍動はどのように調節されているのだろうか**

| **分析** | 高，延髄，交感，速，交感，速，アドレナリン

| **考察** | 体温が上昇すると，その変化は視床下部で感知され，副交感神経の働きによって心臓の拍動が遅くなる。

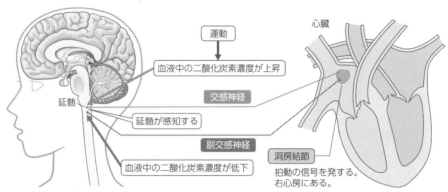

心臓の拍動の調節　ヒトの心臓は，ほぼ一定のリズムで拍動を繰り返す。このリズムは洞房結節によりつくり出されている。洞房結節は，電気的な信号を周期的に発し，心臓を拍動させている。血液中の二酸化炭素濃度が変化すると，延髄がその情報を感知する。その情報は，交感神経と副交感神経により心臓の洞房結節に伝えられ，拍動を調節する。

教科書 p.124 ⚗探究 3-3 **血糖濃度の調節にはどのような経路が働いているのか**

| **分析** | ①　交感神経の刺激により分泌されるのは，アドレナリンとグルカゴンであり，ともに血糖濃度を上げる。

②　副交感神経の刺激により分泌されるのは，インスリンであり，血糖濃度を下げる。

| **考察** | 運動のとき，交感神経系がよく働き，アドレナリンやグルカゴンが放出される。血糖濃度が上がり心拍が速まるため，運動によって消費される酸素や栄養がより多く補充される。睡眠や食事のとき，副交感神経系がよく働きインスリンが放出される。グルコースをグリコーゲンに変化させて栄養を肝臓に蓄え，血糖濃度を下げる。

探究・資料学習のガイド　第3章

もっと詳しく

食事をすると血糖濃度が急上昇する。その情報が間脳の視床下部で感知され，命令が副交感神経によって，すい臓のランゲルハンス島のB細胞に伝えられる。これと同時に，高血糖の血液はランゲルハンス島のB細胞を直接刺激し，刺激を受けたB細胞からインスリンが分泌されると考えられる。インスリンは肝門脈を通って肝臓に達し，グルコースからのグリコーゲンの合成を促進する。また，インスリンは肝静脈を経て全身に送られ，標的細胞へのグルコースの取り込みを促進し，細胞におけるグルコースの分解を促す。その結果，血糖濃度は低下する。血糖濃度が低下すると，その情報が視床下部およびランゲルハンス島のB細胞へ負のフィードバックが働き，インスリンの分泌量が減少する。

教科書
p.125  **探究 3-4　食事の前後で血糖濃度はどのように調節されているのだろうか**

ガイド

分析　①　下がる。

②　上がる。

考察　①　血糖濃度は正常な値（100 mg/100 mL 程度）よりさらに下がりすぎてしまう。

②　血糖濃度が上昇するとインスリンが分泌され，血糖濃度が正常な値に近づくにつれ，インスリンの分泌量は少しずつ減少する。

③　血糖濃度が高いときは下げ，低いときは上げるというようにどちらの場合でも負のフィードバックが働くので，両方ある場合の方が一定の値に戻りやすい。

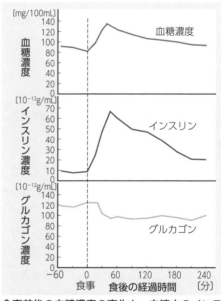

食事前後の血糖濃度の変化と，血液中のインスリン濃度やグルカゴン濃度の変化

資料学習 ## 血糖濃度とインスリンの効果

(1) 食物を消化し吸収したグルコースが血液中に入ることにより血糖濃度が上昇する。

もっと詳しく

食物中のデンプンが消化されるとグルコースまで分解され吸収される。その結果，血液中のグルコース濃度，すなわち血糖濃度が上昇する。

(2) A

もっと詳しく

Aでは，血糖濃度が上昇するとインスリン濃度も上昇し，血糖濃度がほぼ100 mg/100 mL と一定である。しかし，Bではインスリン濃度がほとんど変化せず，血糖濃度も上昇し続けているので，糖尿病の人と考えられる。

(3) 血糖濃度が上昇するとインスリン濃度が上昇し，血糖濃度が低下するとインスリン濃度も低下する。血糖濃度の上昇を視床下部が感知しその情報によりランゲルハンス島のB細胞を刺激する。B細胞がインスリンを分泌し，インスリンが肝臓や筋肉にグルコースの取り込みを促進するため，そのような反応が起こる。

(4) Aは出ない。Bは常に出ている。Cは食後１〜３時間の間に出ていると考えられる。

(5) 食後。低血糖にならないように注意する。

もっと詳しく

糖尿病の人には，食事後，血糖濃度が上がるのに合わせてインスリンを与えるようにする。インスリンはタンパク質であるため，経口では消化されてしまうので，注射によって静脈に注入する。
血糖濃度が下がりすぎると意識障害を起こすので，注意が必要である。健康な人では血糖濃度の低下に応じてインスリンの分泌が抑制されるのに対して，体外から投与する場合には投与量が多いと危険である。血糖濃度をモニターしながら投与量を調節しなければならない。

(6) Cは，標的細胞のインスリンに対しての反応性が低下している。

探究・資料学習のガイド 第3章

教科書 p.135 **i 資料学習** 原尿の再吸収と老廃物の濃縮率

(1) タンパク質はろ過されないため。グルコースは再吸収されるため。

👀もっと詳しく

血しょう中のタンパク質などの大きな物質は，腎臓内の糸球体を構成する毛細血管の血管壁を通過できないので，糸球体でろ過されず，血液中に残る。したがって，原尿中に含まれないので，尿中にも含まれない。

血しょう中のグルコースは，糸球体からボーマンのうへこし出され，原尿として細尿管へ送られるが，その後，細尿管にからみついている毛細血管内に再吸収される。したがって，尿中には含まれない。

(2) Na^+ 1.09倍，K^+ 7.5倍，クレアチニン 75倍，イヌリン 120倍，尿素 67倍

👀もっと詳しく

Na^+ の濃縮率 $= \dfrac{0.35}{0.32} = 1.093\cdots ≒ 1.09$（倍）

K^+ の濃縮率 $= \dfrac{0.15}{0.02} = 7.5$（倍）

クレアチニンの濃縮率 $= \dfrac{0.075}{0.001} = 75$（倍）

イヌリンの濃縮率 $= \dfrac{12}{0.1} = 120$（倍）

尿素の濃縮率 $= \dfrac{2}{0.03} = 66.66\cdots ≒ 67$（倍）

(3) 原尿量はイヌリンの濃縮率と尿量をかけて求める。原尿量 12000 mL
再吸収量は原尿量と尿量の差で求める。再吸収量 11900 mL

(4) 100 mL の尿が含む尿素は $100 \times 0.02 = 2$ g である。原尿 12000 mL
が含む尿素は $12000 \times 0.0003 = 3.6$ g である。再吸収された尿素は
$3.6 - 2.0 = 1.6$ g である。

問のガイド

教科書 p.107 問 1

① 図8で，グラフが右上がりになっていることから，何がわかるか。

② 図8で，二酸化炭素濃度が高いと，グラフが右下にずれていることから，何がわかるか。

③ 肺での酸素ヘモグロビンの割合と，組織での酸素ヘモグロビンの割合を求めよ。

④ すべてのヘモグロビンのうち，組織で酸素を解離するヘモグロビンの割合を求めよ。

答 ① 酸素と結合しているヘモグロビンの割合が，酸素濃度が高くなるほど大きくなる。

② 二酸化炭素濃度が高いと，酸素を解離するヘモグロビンの割合が高くなる。

③ 肺 95 %，組織 30 %

④ 65 %

教科書 p.130 問 2

体温が低いときに放出量のふえるホルモンは何か。

答 アドレナリン，糖質コルチコイド，チロキシン

教科書 p.131 問 3

肝臓を標的器官にしているホルモンを5つあげよ。

答 アドレナリン，糖質コルチコイド，チロキシン，グルカゴン，インスリン

教科書 p.132 問 4

体内の水分量の不足を解消するために起こることは次のうちどちらか。

バソプレシンの放出(促進・抑制)。

腎臓での水の再吸収(促進・抑制)。

飲水行為(促進・抑制)。

答 促進・促進・促進

考えようのガイド

教科書
p.104

考えよう 図1のイラストのうち，体内環境に該当する範囲を考えよう。

答 動物などの体内で，細胞の周囲の体液がつくる環境を体内環境という。図1の右図の「体内環境」と示された範囲である。

教科書
p.107

考えよう｜探究問題 筋肉にはヘモグロビンが解離した酸素を受け取るミオグロビンというタンパク質がある。ミオグロビンの酸素解離曲線は，ヘモグロビンと比べてどうなるだろうか。

答 ミオグロビンの酸素解離曲線は，ヘモグロビンの酸素解離曲線より，左へずれると考えられる。組織の酸素濃度で，ヘモグロビンが酸素と解離し，ミオグロビンと酸素が結合する。

教科書
p.107

考えよう｜探究問題 胎児は母親の子宮の中で胎盤を通して栄養分や酸素を受け取る。母親のヘモグロビンが胎盤で酸素を解離し，その酸素を胎児のヘモグロビンが受け取る。胎児のヘモグロビンと母親のヘモグロビンの性質はどのように異なっているのだろうか。

答 胎児のヘモグロビンの酸素解離曲線は，母親のヘモグロビンの酸素解離曲線より，左へずれると考えられる。胎盤の酸素濃度で，母親のヘモグロビンが酸素と解離し，胎児のヘモグロビンと酸素が結合する。

教科書
p.108

考えよう｜探究問題 血しょうと血清の成分に違いはあるのだろうか。

答 血しょうには血液凝固に関わる成分が含まれており，血清には血液凝固に関わる成分が失われている。血液凝固した後の上澄みの液体が血清である。

教科書
p.120

考えよう ホルモンによる調節は，神経による調節に比べて，反応が現れるまでに時間がかかるが，持続時間が長い。そのような調節の仕方に適しているホルモンの働きの例をあげよう。

答 成長ホルモンによる成長を促す作用や，二次性徴を引き起こしたり，妊娠を維持したりする性ホルモンなど。

第4章　免　疫

教科書の整理

第❶節 免疫の働き
教科書 p.136〜157

- 私たちの周囲には，常に多数のウイルスや細菌，カビなどの病原体が存在している。
- インフルエンザ，はしか，風疹などはウイルス，結核，赤痢などは細菌により引き起こされる。

A 生体防御

- **生体防御**：病原体などの異物の侵入を防いだり，侵入した異物を除去したりするしくみ
  - 皮膚の角質には病原体の侵入を防ぐ役割がある。
  - 汗や涙には抗菌作用のある物質が含まれている。
  - 消化管や気管などの粘膜から分泌される粘液や，血液凝固も生体防御である。
- **免疫**：生体防御のうち，様々な防御をすりぬけて体内に侵入した異物を，非自己として認識し除去するしくみ
  - ウイルスに感染した細胞や，がん細胞なども，免疫により除去される。
  - 生まれつき備わっている**自然免疫**と，異物を特異的に認識して働く**獲得免疫**（**適応免疫**）に分けられる。
  - 自然免疫は異物の侵入の初期から，異物を幅広く認識して排除する。

> **もっと詳しく**
> 細菌やウイルスなど，体内に侵入して病気を引き起こすものを病原体という。

> **テストに出る**
> 下のような表をつくり，生体防御の分類を理解しよう。

生体防御　生体防御では，まず皮膚や粘膜やそれらの分泌物により異物の侵入自体を防ぐ。その防御機構をすり抜けて異物が体内に侵入すると，免疫のシステムが発動する。免疫には生まれつき備わっている自然免疫と，より強力に異物を除去する獲得免疫がある。

生体防御				
物理的な防御，化学的な防御（物理的な防御，化学的な防御を自然免疫に含める考え方もある）		免　疫		
		自然免疫	獲得免疫（適応免疫）	
物理的な防御・皮膚・粘膜など	化学的な防御・リゾチーム・胃酸など	・好中球・マクロファージ・NK細胞などの働き	細胞性免疫	体液性免疫

　　→自然免疫をすりぬけて侵入した異物に対して，獲得免疫
　　　が働く。
・異物の侵入を阻止するしくみには，物理的な防御と化学的な
　防御がある。

①物理的な防御

・気管や消化管の内側は，外部の環境と接する部分であり，粘
　膜となっている。
・粘膜：粘膜が分泌する粘液は，異物の侵入を防ぐ。
・気管：繊毛の運動によって，異物を肺から口へ向かう方向へ
　押し出し，肺への侵入を防ぐ。
・皮膚：角質というかたい組織で覆われており，乾燥を防ぐと
　ともに異物の侵入を防ぐ。常に新しい細胞がつくり出され，
　外側の死んだ細胞を垢として捨てることでウイルスや細菌の
　侵入を防ぐ。

②化学的な防御

・汗や唾液，涙には，リゾチーム（細菌の細胞壁を溶かす酵素）
　が含まれる。
・皮膚には，ディフェンシン（細菌の細胞膜を壊すタンパク質）
　が存在する。
・皮膚や粘膜は，粘液によってその表面が弱酸性に保たれてお
　り，酸に弱い細菌の侵入を防いでいる。
・食物の中に存在するウイルスや細菌の多くは，強酸性の胃酸
　によって感染能力が失われる。

③免疫に関わる細胞　体内を循環する体液中の白血球が重要な

　役割を果たしている。
・白血球には，**好中球，マクロファージ，樹状細胞，リンパ球**
　などがある。
・リンパ球には，**B細胞，T細胞，NK（ナチュラルキラー）細
　胞**などがある。
・**食作用**：好中球やマクロファージ，樹状細胞が，異物が侵入
　した部位に集まり，直接異物を取り込んで分解する作用
・食細胞：食作用を行う細胞
・白血球，赤血球，血小板：**骨髄**にある造血幹細胞からつくら

もっと詳しく

白血球の中で
最も多いのは
好中球で，複
数の核をもつ。
マクロファー
ジは大形の不
定形で，核は
１つしかない。

れる。
・B細胞：骨髄でつくられ，骨髄で分化する。
・T細胞：骨髄でつくられた後，**胸腺**へ移動して分化する。
・リンパ管のところどころは，豆粒のように膨らんだリンパ節
　となっている。
・リンパ節にはリンパ球が集まっており，リンパ球により，病
　原体などがリンパ液中から取り除かれる。

B　自然免疫

・**自然免疫**：体内に異物が侵入した場合に，異物を攻撃・排除
　する反応。動物が生まれながらにしてもっている生体防御機
　構で，次の3つがある。

①**食作用**　細菌などの異物が体内に侵入すると，食細胞が**食作**
　用によって直接異物を取り込み，消化・分解することで処理
　する。食細胞には**好中球**，**マクロファージ**，**樹状細胞**があり，
　細菌やウイルスなどに共通する特徴を認識して食作用を行う。

②**炎　症**　異物が侵入した部位が熱をもって赤く腫れる現象
・マクロファージは，侵入した細菌などの異物を取り込むと周
　りの細胞に働きかける。
　　→毛細血管が拡張して血流量がふえ，血管の透過性が高まる。
　　→好中球や単球などの白血球がその部分に集まり，血管から
　　　組織に移動し，食作用により異物を処理する。
　　→血管から組織に移動した単球はマクロファージに分化する。

③**感染した細胞の排除**　ウイルスは細胞の中に侵入し，細胞内
　にある物質を利用して増殖する。
・ウイルスなどに感染した細胞はその表面に特有の変化が起こ
　る。
　　→リンパ球の一種である **NK細胞**は，その変化を見分けて
　　　ウイルスに感染した細胞を攻撃し，細胞を死滅させて排除
　　　する。
・NK細胞は，がん細胞や，移植された他人の細胞も非自己と
　して排除する。

🐟🐟**もっと詳しく**
好中球やマクロファージ，樹状細胞のように食作用を行う白血球を食細胞という。

🐟🐟**もっと詳しく**
炎症が起こるとマクロファージから放出される物質により体温が上昇し，免疫に関わる細胞が活発になる。

教科書 p.141	発展	**自然免疫における異物を認識するしくみ**

- **Toll 様受容体**(toll-like receptor(TLR))：樹状細胞やマクロファージ，好中球などがもつ，自然免疫による異物の認識に関わるタンパク質
  - ヒトでは，10 種類ある。
  - 細菌の細胞壁成分，ウイルスに特徴的な 2 本鎖 RNA，細菌のべん毛タンパク質など，病原体に共通する構造を感知する。
  - 食細胞は TLR により，その共通構造を認識し，食作用を行う。
    - →自然免疫は幅広く病原体を認識できる。

C 獲得免疫

- **獲得免疫**(適応免疫)：侵入した異物を特異的に認識するT細胞とB細胞を活性化して異物を排除するしくみ
  - 自然免疫による防御をすりぬけて侵入した異物に対して，白血球の一種であるリンパ球のT細胞とB細胞が働いて異物を排除する。
  - 異物に対する特異性が高く，自然免疫よりも強力に作用するが，免疫の発動には時間がかかる。
  - 体内に侵入した異物を記憶することができ，再び同じ異物が侵入するとすみやかに強く反応して，異物を排除することができる。

①**リンパ球による抗原の認識**　個々のT細胞やB細胞は特定の異物を１種類しか認識できないが，認識する異物が異なる多数の細胞がつくられる。

　→多様な異物に対応できる。

- T細胞やB細胞は異物を認識すると活性化され増殖し，異物の排除を促進する。

②**免疫寛容**　自己に対して獲得免疫が働かない状態

- T細胞やB細胞がつくられる過程では，自己の物質を認識するT細胞やB細胞もつくられる。
  - →このような細胞が働くと自分自身を傷つけてしまう。
  - →T細胞やB細胞は成熟する過程で，自己を認識する細胞が選別され，死滅したり，働きが抑制されたりする。

> 📝**テストに出る**
> 自然免疫はすばやく反応して非特異的，獲得免疫は反応まで時間がかかり特異的であることを理解しよう。

→自己に対して獲得免疫が働かない状態となる(免疫寛容)。

③**抗原提示**

・**抗原**：獲得免疫を発動させ，リンパ球を活性化させる物質

・獲得免疫の発動は，樹状細胞が関わる。

・**抗原提示**：樹状細胞が異物を取り込んで分解し，分解物を細胞の表面に提示すること

・抗原を提示した樹状細胞は，リンパ節に移動する。

・樹状細胞は，自身が提示する抗原を特異的に認識したT細胞だけを活性化する。

発展 T細胞の表面にはT細胞受容体といわれる受容体があり，受容体と樹状細胞が提示する抗原が結合するとT細胞が活性化される。それぞれのT細胞は特定の抗原に結合する受容体しかもたない。

④**細胞性免疫と体液性免疫**　獲得免疫は，細胞性免疫と体液性免疫に分けられ，それぞれ単独でなく連携しながら働く。

・**細胞性免疫**：ウイルスなどに感染した細胞や，がん化した細胞を排除する獲得免疫の反応

・T細胞には，キラーT細胞と，ヘルパーT細胞がある。

・**ヘルパーT細胞**：他の免疫細胞を活性化する働きをする。

・**キラーT細胞**：感染細胞やがん細胞を攻撃し，排除する。

・**体液性免疫**：B細胞が中心になる獲得免疫の反応

・B細胞はヘルパーT細胞に活性化されて，**抗体産生細胞**（**形質細胞**）になると，抗体を産生する。

・抗体は体液中に分泌されて，血液などを流れ，全身に運ばれる。

・**抗体**：特定の抗原に特異的に結合する。抗体が結合すると，異物の排除が促進される。

発展 マクロファージや樹状細胞は，抗原や感染細胞を食作用によって排除する。キラーT細胞は感染細胞やがん細胞のDNAの切断を誘導する物質を放出し，細胞を排除する。

⑤**細胞性免疫**　キラーT細胞とヘルパーT細胞が主に関わる。

・**ヘルパーT細胞**：他の免疫細胞を活性化する。

・**キラーT細胞**：感染細胞やがん細胞を攻撃する。

もっと詳しく
B細胞がつくる抗体は1種類に限られているが，膨大な種類のB細胞があり，異なる種類の抗体をつくる。

細胞性免疫は次のようなしくみをもつ。

・樹状細胞が異物を取り込み分解し，抗原提示をし，リンパ節
　へ移動する。

　→樹状細胞は，提示した抗原を認識できるＴ細胞のみを刺激
　　して活性化する。

　→活性化されたＴ細胞は，ヘルパーＴ細胞やキラーＴ細胞に
　　なる。

　→ヘルパーＴ細胞が増殖する。ヘルパーＴ細胞が分泌する物
　　質の刺激で，キラーＴ細胞が増殖する。

　→キラーＴ細胞がリンパ節から出て，感染細胞やがん細胞の
　　細胞表面に提示された抗原を認識し，細胞を直接攻撃して
　　死滅させる。

　→ヘルパーＴ細胞がリンパ節から出て，マクロファージを活
　　性化する。

　→マクロファージは活性化されると，食作用が促進される。

　→キラーＴ細胞によって攻撃され死滅した細胞が，マクロフ
　　ァージによる食作用により処理される。

　→増殖したキラーＴ細胞やヘルパーＴ細胞の一部は**記憶細胞**
　　になり，体内に残る。

|発展| ヘルパーＴ細胞は増殖しサイトカインといわれる化学物
質を分泌する。サイトカインの刺激によって，キラーＴ細胞
は増殖する。サイトカインはいくつもの種類が知られ，免疫
に関わる細胞などがつくり，別の細胞に働きかけ，その働き
を調節する。

⑥**体液性免疫**　Ｂ細胞とヘルパーＴ細胞が主に関わる。

・Ｂ細胞はヘルパーＴ細胞に活性化されて，**抗体産生細胞（形
質細胞）**になり，抗体を産生する。

・抗体は抗原に特異的に結合し，異物の排除を促進する。
　体液性免疫は次のようなしくみをもつ。

・樹状細胞が異物を取り込み分解し，抗原提示をし，リンパ節
　へ移動する。

　→樹状細胞は，提示した抗原を認識できるＴ細胞のみを，刺
　　激して活性化する。

🔍**もっと詳しく**
体液性免疫で
は，抗体は細
胞内には入ら
ないので，細
胞内に侵入し
たウイルスに
対しては働か
ない。

🔍**もっと詳しく**
キラーＴ細胞
は，樹状細胞
からの抗原提
示と，ヘルパ
ーＴ細胞から
の刺激によっ
て活性化され
る。

🔍**もっと詳しく**
サイトカイン
とは，免疫に
関係する細胞
間の情報伝達
に関わるタン
パク質の総称。

⚠**ここに注意**
１つのＴ細胞
が認識できる
抗原は１種類
だけである。

→活性化されたヘルパーＴ細胞は増殖する。

→ヘルパーＴ細胞が，同じ抗原を認識するＢ細胞を活性化する。

→活性化されたＢ細胞は，増殖して抗体産生細胞になり，大量の抗体を産生し，体液中に分泌する。

→抗体は抗原と特異的に結合する(**抗原抗体反応**)。

→抗原と抗体が結合した複合体はマクロファージに認識されやすくなり，排除が促進される。抗体は，抗原を無毒化する作用もある。

→増殖したヘルパーＴ細胞やＢ細胞の一部は記憶細胞になり，体内に残る。

⑦**免疫グロブリン**　個々の抗体産生細胞は，それぞれ特定の抗原に結合する抗体を１種類しか産生しないが，抗体産生細胞ごとに異なる抗原に結合する抗体を産生するため，多様な抗原に対応する多様な抗体が産生される。

・抗体は**免疫グロブリン**というタンパク質である。

参考　抗原提示は，樹状細胞の他に，マクロファージやＢ細胞も行う。マクロファージは食作用で異物を取り込んで分解し，細胞表面に提示する。ヘルパーＴ細胞は樹状細胞に活性化されると，ヘルパーＴ細胞が認識する抗原を提示しているマクロファージを活性化する。

→活性化されたヘルパーＴ細胞が認識する異物と同じ異物を認識するマクロファージのみが活性化される。

もっと詳しく
抗原と抗体の結合は，鍵と鍵穴の関係に例えられる。

教科書の整理　第４章

教科書 p.148　**発展**　**遺伝子の再編成により多様な抗体が産生されるしくみ**

・抗体は免疫グロブリンというＹ字型のタンパク質で，Ｈ鎖とＬ鎖を２個ずつ，計４個の部分からできている。

・**可変部**：Ｈ鎖とＬ鎖の先端部。構造はＢ細胞ごとに異なり，可変部で特定の抗原と結合する。可変部以外の部分を**定常部**という。

・**遺伝子の再編成**：Ｈ鎖とＬ鎖の可変部に相当する遺伝子の領域は，それぞれ３つと２つの領域に分かれ，各領域に塩基配列が異なる遺伝子の断片がいくつか並ぶ。Ｂ細胞の成熟にしたがって各領域から１つの断片が選ばれる。

→この断片の組み合わせによって，多様な抗体ができる。

D 免疫と病気

・はしかに一度かかると，以降，かかりにくくなるように，ヒトはある病原体に一度感染すると，同じ病原体に感染しにくくなる。

①**免疫記憶**　過去に抗原刺激を受けたB細胞やT細胞の一部が記憶細胞として体内に残り，その後，同じ抗原刺激があった場合にすみやかに強く反応するしくみ

・**一次応答**：異物が初めて体内に侵入すると，免疫系がゆっくりと反応し，1～2週間かけて抗体をつくり始めること

　・抗体産生量は多くないが，一次応答で刺激を受けたB細胞とT細胞の一部は，記憶細胞となり体内に残る。

・**二次応答**：記憶細胞（B細胞とT細胞）が，以前に刺激を受けた抗原に出会うと直ちに増殖し，抗体産生細胞となり抗体を大量に産生する反応

　・一度感染した病原体に感染しにくくなるのは，記憶細胞がリンパ節や血液中に存在し，感染したことのある病原体があれば，急速に応答するためである。

・免疫記憶を医療に応用したものの例として，ツベルクリン反応やワクチンがある。

②**ツベルクリン反応**　ヒトや動物に結核菌に対する記憶細胞があるかどうかを調べるもの

・結核菌のタンパク質を皮下に注射し，赤く腫れるかどうかで免疫の有無を判断

　→結核菌に感染したことがある人では，その抗原に対して増殖したT細胞が記憶細胞として残っており，再び抗原が侵入すると細胞性免疫が急速に働くため，赤く腫れる。→陽性

　→赤く腫れない場合は陰性→人工的に結核菌に対する記憶細胞をもたせるために，弱毒化した生きている結核菌を注射

　　・BCG：このとき用いられる弱毒化した結核菌

③**ワクチン**　特定の病原体による病気を予防するために，抗原として接種する物質

・BCGはワクチンの一種

テストに出る
B細胞，ヘルパーT細胞，キラーT細胞の働きを整理しておこう。

ここに注意
陰性と判断された場合，結核菌に感染する恐れがある。

・**予防接種**：病原体への免疫をつくらせるためにワクチンを接種すること
・ワクチンには弱毒化したウイルスや細菌，細菌の細胞表面にあるタンパク質などが用いられる。
　→ワクチンによって刺激を受けたT細胞やB細胞の一部が記憶細胞となり，病原体が侵入した場合には急速に強く反応する。
　　例　百日咳・ジフテリア・破傷風のワクチン
　　　　→細菌の出す毒素を無毒化したもの
　　　　狂犬病・インフルエンザ・ポリオのワクチン
　　　　→病原体を不活性化したものや成分を精製したもの
④**血清療法**　あらかじめ動物につくらせた抗体を含む血清を注射することで，症状を軽減させる治療法。北里柴三郎が開発
・今でも緊急の場合に用いられている。
　　例　ウマなどにハブ毒のワクチンを注射して抗体をつくらせておき，抗体を含む血清をハブに咬まれた人に注射することで，症状を軽減させる。
⑤**抗体と薬**　動物の抗体ではなく，ヒトの抗体も治療薬として使われている。
⑥**アレルギー**　免疫応答が過敏に起こって生体に不都合な影響を与える反応　例　花粉症，じんましんなど
・**アレルゲン**：アレルギーの原因となる抗原
　　例　花粉やダニなどのタンパク質，鶏卵やそばなど食物に含まれる物質
・**アナフィラキシー**：食物，ハチ毒，薬などが原因で起こる急性アレルギー反応
・**アナフィラキシーショック**：くしゃみ，下痢，おう吐，発疹，呼吸困難などの全身症状。死に至ることもある。
⑦**後天性免疫不全症候群（エイズ，AIDS）**　ヒト免疫不全ウイルス（HIV）が原因で免疫力が低下する疾患
・HIVが性的接触や輸血などでヘルパーT細胞に感染
　→長い潜伏期間後に増殖を始め，ヘルパーT細胞が破壊される。

もっと詳しく
天然痘は，ワクチン接種により世界中で発生がほぼ認められなくなり，1980年にWHOが根絶宣言を発表。

教科書の整理　第4章

もっと詳しく
血清療法は，現在は毒ヘビに咬まれたとき以外はあまり使われない。

教科書の整理　第4章

　　→B細胞やキラーT細胞の機能が低下し，体液性免疫や細胞
　　　性免疫が働かなくなる。

　　→体内に侵入した病原体を除去できなくなり，エイズを発症

・**日和見感染**：免疫の働きが極端に低下し，健康な状態では感
　染しないような病原体にも感染するようになること

⑧**自己免疫疾患**　何らかの原因で，自己成分に対する抗体がで
　きたり，自己組織をキラーT細胞が攻撃したりする疾患
　　例　I型糖尿病，バセドウ病，関節リウマチ

・**重症筋無力症**：運動神経が接する筋肉の表面上のタンパク質
　が抗原となり，自己の抗体で攻撃される。

　　→運動神経からの情報が筋肉に伝わらず，手足に力が入らな
　　　くなる。

　　→その抗体を除くことにより，症状が改善する。

⑨**がんと免疫**　正常な細胞は必要なだけ増殖すると増殖を止め
　るが，がん細胞は細胞分裂の機構が壊れており増殖を続ける。

・NK細胞やキラーT細胞などに，がん細胞は排除されるが，
　その免疫機構から逃れる場合もある。

・**浸潤**：**がん**が周りの組織に広がっていくこと

・**転移**：がん細胞が血流に乗って別の臓器などへ移動し，そこ
　でも増殖すること

⑩**拒絶反応**　他人の皮膚や臓器を移植した場合，移植した組織
　が非自己と認識され，NK細胞やキラーT細胞に攻撃され，
　攻撃された組織が定着できなくなること

・拒絶反応を防ぐため，皮膚移植や臓器移植の際には，細胞性
　免疫を抑制する免疫抑制剤が投与される。

・免疫系が自己の正常な細胞や組織を攻撃することがほとんど
　ないのは，免疫寛容のためである。

もっと詳しく

現在では，HIVの増殖を抑える薬剤が開発され，発症を遅らせることができるようになっている。

教科書 p.156　発展　**臓器移植とMHC**

・**主要組織適合性複合体抗原**（MHC抗原）：細胞の表面にあり，自己の細胞で
　あることを示すタンパク質の標識。これにより，他人の細胞と自己の細胞の
　区別が可能となる。個体ごとに立体構造が少しずつ異なる。

・ヒトの場合，ヒト白血球抗原（HLA）分子ともいう。

探究・資料学習のガイド

教科書 p.136 **探究 4-1** マクロファージにはどのような役割があるのだろうか

分析 マクロファージに取り込まれた後，細菌ははっきりとした形が見えなくなることから，マクロファージの体内で分解されたと考えられる。

考察 マクロファージが異物を取り込み，分解することで，ヒトの体から異物を排除していると考えられる。

・マクロファージの働きを例に，免疫とは体内に侵入した異物を除去することである，という生体防御のイメージをもとう。

・マクロファージの形や動き，細菌の変化（１つ１つの粒が消えていく様子）から，マクロファージが異物である細菌にどのように働いたのか，考えよう。

・免疫が「異物を非自己として認識し除去する」しくみであることを，改めて理解しよう。

教科書 p.149 **探究 4-2** 予防接種をすると，なぜ病気を防ぐことができるのか

分析 ① 濃度：1

1度目の注射後の約16〜17日目

② 濃度：100

2度目の注射後の約11〜12日目

考察 ① 1度目は抗体量が少ない上に抗体をつくる時間も多くかかるのに対し，2度目の場合は1度目に比べて抗体量が最大で100倍にもなり，短期間で抗体がふえる。このことから，同じ病気に2回目にかかった場合，症状は軽く早期に改善すると考えられる。

② 予防接種をしてあらかじめ病気に対する抗体を体で一度つくっておくことで，実際に病気にかかったときに，その症状を軽くし早期に改善することができるようになるから。

③ 抗原ごとにつくられる抗体は異なるので，抗原Bを注射したときは抗体Bのみがつくられ，抗体Aはつくられることはないから。

教科書 p.155　**資料学習**　**マウスの皮膚移植実験**

皮膚の色が同じマウスどうしの皮膚移植は，同じ個体の移植とは考えられない。しかし，実験用マウスは遺伝的にほぼ純系であるため，遺伝的にかなり近く，拒絶反応が起こらないと考えられる。

(1)　定着したことから自己と認識された。

(2)　脱落したことから非自己と認識された。

(3)　一度目の移植で記憶細胞ができ，再移植では拒絶反応がすぐに起こったから。

(4)　自己と認識された(マウスの胎児では免疫寛容が成熟しておらず，移植した皮膚に対しても免疫寛容が成立した)。

問のガイド

教科書
p.140
問 1

　食作用を行う白血球は何か。毛細血管に働きかけ炎症を起こす白血球は何か。

答 食作用：好中球，マクロファージ，樹状細胞
　　炎症：マクロファージ

教科書
p.142
問 2

　自然免疫，獲得免疫それぞれについて，①異物に対する特異性，②発動までにかかる時間，について違いを述べよ。

答 ①　獲得免疫は異物に対する特異性が高く，自然免疫は幅広い異物に対応する。
　　② 　自然免疫は迅速に対応するが，獲得免疫は発動まで時間がかかる。

教科書
p.151
問 3

　ツベルクリン反応，ワクチン，血清療法のうち，病気の予防のために使用されるのはどれか。

答 ワクチン

教科書
p.153
問 4

　HIV によりヘルパーT細胞が破壊されると，なぜ細胞性免疫と体液性免疫が働かなくなるのか説明しなさい。

答 ヘルパーT細胞から，キラーT細胞やB細胞の活性化が行えないため，細胞性免疫も体液性免疫も働かなくなる。

考えようのガイド

教科書 p.138　🔍考えよう　物理的な防御の例を自分の経験からあげよう。

答 コショウを吸いこんでくしゃみが出る。食べ物が気管の方に入りそうになり，せきが出る。など

教科書 p.140　🔍考えよう　自分の体で起こった炎症反応の例をあげよ。

答 のどが腫れる。細菌やウイルスに感染して発熱する。ニキビができる。虫にさされて赤くなる。など

教科書 p.145　🔍考えよう　細胞性免疫，体液性免疫がそれぞれ排除するのは，どのようなものか。

答 細胞性免疫では感染細胞やがん細胞を排除し，体液性免疫ではウイルスや病原菌，毒素などの抗原を排除する。

教科書 p.146　🔍考えよう　1つの抗体には2か所ずつ抗原と結合する部位があるが，1か所ではなく2か所ある利点は何か。

答 2か所の可変部位でそれぞれ別の抗原と結合できれば，多くの抗原をひとまとまりにすることができる。そのことにより抗原の拡散を抑えられ，マクロファージによっても処理されやすくなる。

教科書 p.147　🔍考えよう｜探究問題　血液のある成分のみを輸血することを成分輸血という。①血液のうち，赤血球のみを成分輸血する場合，どの血液型の赤血球ならすべての血液型の人に輸血することができるだろうか。②同様に血しょうのみを成分輸血する場合はどうか。

答① O型
　② AB型
　　表aをみるとわかりやすいが，O型の赤血球には凝集原がなく，AB型の血しょうには凝集素がない。

部末問題のガイド

❶恒常性と神経系・内分泌系　　関連：教科書 p.104, 112〜114, 116

次の文を読んで下の各問いに答えよ。

動物のほとんどの細胞は[①]に浸されている。[①]は細胞が直接触れる環境であり，体内環境という。また，動物には外界の環境が変化しても，動物の体内環境を一定に保つ性質があり，これを[②]という。この性質は，神経系と内分泌系の協調によって維持されている。脊椎動物の神経系は，[③]神経系と末梢神経系から構成され，末梢神経系のうち[④]神経系が体内環境の維持に重要である。[④]神経系には，互いが拮抗的に作用する２種類の神経系があり，これらの働きは[⑤]の視床下部によって調節されている。また，内分泌系も視床下部の支配を受け，視床下部から分泌される放出ホルモンなどが，[⑥]に作用して，ここから多数のホルモンが分泌される。

(1) 文中の空欄[①]〜[⑥]に入る適当な語句を答えよ。

(2) [④]神経系のうち，一般に緊張が高まって活発に活動する際に働くのは何神経系か。

(3) 脳幹を含めすべての脳の機能が停止し，自力で呼吸ができない状態のことを何というか。

ポイント (2) 交感神経系が働くと，緊張が高まって活発に活動するのに適した状態になる。副交感神経系が活動すると，心拍数や血圧は下がり休息に適した状態になる。

(3) 通常の医学的な死の判定では，自発的な呼吸の停止，心拍の停止，瞳孔が開く，の３つの兆候が認められることが基準である。

答 (1) ① 体液　② 恒常性　③ 中枢　④ 自律　⑤ 間脳　⑥ 下垂体

(2) 交感神経系

(3) 脳死

❷ヒトのホルモン

関連：教科書 p.118〜127

下表は，ヒトの体内で働く主なホルモンの一覧である。下の問いに答えよ。

内分泌腺		ホルモン	主な働き
下垂体前葉		[③]	[⑥]
		甲状腺刺激ホルモン	甲状腺の働きを促進する
		副腎皮質刺激ホルモン	副腎皮質の働きを促進する
下垂体後葉		バソプレシン	腎臓での水の再吸収を促進する
甲状腺		チロキシン	細胞の化学反応を活発にする
副甲状腺		パラトルモン	血中の Ca^{2+} を増加させる
すい臓のランゲルハンス島	A細胞	[④]	[⑦]
	[①]	[⑤]	[⑧]
[②]		アドレナリン	血糖濃度を増加させる
副腎皮質		糖質コルチコイド	血糖濃度を増加させる
		鉱質コルチコイド	血中の Na^+ と K^+ の量を調節する

(1) 表の[①]〜[⑤]に入る適当な名称を答えよ。また，[⑥]〜[⑧]には，次の選択肢(ア)〜(ウ)より適当なものをそれぞれ選べ。

(ア)血糖濃度を減少させる　　(イ)血糖濃度を増加させる

(ウ)骨の発育・全身の成長促進

(2) [⑤]のホルモンが細胞に働きかけたとき，その細胞で起こる変化を次からすべて選べ。

⑦　細胞のグルコースの取り込み量がふえる

④　細胞のグルコース取り込み量が減る

⑦　グルコースからグリコーゲンが合成される

⑦　グリコーゲンがグルコースに分解される

(3) チロキシンが分泌され，高濃度のチロキシンを含む血液が下垂体前葉に流れ込むと，甲状腺刺激ホルモンの分泌量はふえるか，減るか。また，このような調節のしくみを何というか。

ポイント (2)　選択肢の中から血糖濃度を減少させるものを選ぶ。

(3)　脳下垂体前葉は高濃度のチロキシンに反応して，チロキシンの分泌を抑制するように働く。

解き方 (2)　インスリンは，標的細胞でのグルコースの取り込みと消費を高める。また，肝臓や筋肉がグルコースを取り込んでグリコーゲンを合成するように促す。

(3)　高濃度のチロキシンを含む血液は脳下垂体前葉に流れ込むと，脳下垂体前葉はそれに反応して，甲状腺刺激ホルモンの分泌を抑制するように働く。

答 (1)　①　B細胞　　②　副腎髄質　　③　成長ホルモン

　　④　グルカゴン　　⑤　インスリン　　⑥　(ウ)　　⑦　(イ)

　　⑧　(ア)

(2)　⑦，⑦

(3)　減る，(負の)フィードバック(調節)

テストに出る

ホルモンに関する出題は多いので，問題の表の内容をしっかり覚えておこう。

❸免疫

関連：教科書 p.139〜145, 150

次の文章の空欄[①]〜[⑪]に入る適当な語句を答えよ。

体内に病原体などの異物が侵入すると，[①]などがこれを取り込み，その異物の一部を[②]として細胞表面に提示する。提示された[②]は，[③]によって認識される。抗原を認識した[③]は，ヘルパーT細胞や[④]となる。[④]は，病原体などの異物に感染した自己の細胞を，直接攻撃して破壊する。このようなしくみを[⑤]性免疫という。これに対し，[⑥]性免疫というしくみでは，ヘルパーT細胞が[⑦]を刺激し，[⑦]が抗体産生細胞となり[⑧]をつくる。[⑧]は抗原と結合して複合体をつくり，マクロファージに食作用により取り込まれ分解される。

ヘルパーT細胞に刺激された[④]や[⑦]は，一部が[⑨]となって体内に留まり，再び同じ異物が侵入すると，急速に[⑩]い反応を示す。このしくみを[⑪]という。

ポイント
・獲得免疫は，細胞性免疫と体液性免疫に分けられ，それぞれ単独でなく連携しながら働くことをおさえておく。
・細胞性免疫はウイルスなどに感染した細胞や，がん化した細胞を排除する反応で，T細胞には，キラーT細胞と，ヘルパーT細胞がある。
・体液性免疫はB細胞が中心になる反応である。

解き方
・細胞性免疫において，ヘルパーT細胞は他の免疫細胞を活性化し，キラーT細胞は感染細胞やがん細胞を攻撃する。
・体液性免疫において，B細胞はヘルパーT細胞に活性化されて，抗体産生細胞(形質細胞)になると，抗体を産生する。
・活性化し増殖したB細胞やT細胞の一部は記憶細胞となり，体内に残る。

答 (1)　①　樹状細胞　　②　抗原　　③　T細胞　　④　キラーT細胞
　　　⑤　細胞　　⑥　体液　　⑦　B細胞　　⑧　抗体　　⑨　記憶細胞
　　　⑩　強　　⑪　免疫記憶

読解力UP↑
[　]の前後に答えとなる言葉が出ているものが多いので，問題文をよく読もう。

❹思考力 UP 問題

関連：教科書 **p.128, 151〜152**

次の文章を読み，下の問いに答えよ。

あきら：薬は口から飲むものが多いけど，[①]の治療薬として使うインスリンは注射だね。

かおる：インスリンを口から飲むと <u>効果がないよ。</u>②

あきら：ハブに咬まれたときには，ウマの血清を注射するみたいだね。

かおる：そうだね。その血清は，ハブ毒素に対する抗体を含んでいるから <u>効果があるみたい。</u>③

あきら：毒素を完全に除くためには，<u>日をおいてもう一度血清を注射した方が</u>④ いいのかな。

かおる：ダメだよ。2回目の血清の注射は <u>強いアレルギー反応</u>を引き起こすよ。⑤

(1) 文中の空欄[①]に入る適当な語句を答えよ。

(2) 下線部②，下線部③の理由として最も適当なものを，次の㋐〜㋔からそれぞれ1つ選び，記号で答えよ。

　㋐　効果が強くなる　　㋑　抗原抗体反応で無力化される

　㋒　分解も吸収もされずに排出される　　㋓　吸収に時間がかかる

　㋔　消化により分解される

(3) 下線部④について，ハブに咬まれた直後に血清を注射した患者に，40日後にもう一度血清を注射したと仮定する。このとき，ハブ毒素に対してこの患者が産生する抗体の量の変化を示すグラフとして最も適当なものを，次の㋕〜㋗のうちから1つ選び，そのグラフを選んだ理由も簡潔に説明せよ。

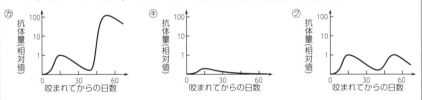

(4) 下線部⑤について，何をアレルゲンとして，強いアレルギー反応が起こるか。

ポイント　血清療法は，あらかじめ動物につくらせた抗体を含む血清を注射することで，症状を軽減させる治療法である。

答　(1)　糖尿病

(2)　下線部②　オ，下線部③　イ

(3)　キ，解答例：咬まれた直後に血清を注射したため，抗体があまりつくられないから。また，40日後に注射したのは血清のため，ハブ毒に対する抗体はつくられないから。

(4)　ウマの血清(に含まれる物質)

第4部 生物の多様性と生態系

第5章 植生と遷移

教科書の整理

第1節 植生と遷移
教科書 p.166〜191

A 環境

・**環境**：ある生物にとって，その生物を取り巻く外界。**非生物的環境**と生物的環境がある。

・非生物的環境：光・水・重力・土壌・大気・温度など

・生物的環境：その生物に影響を与える他の生物全般

・**作用**：非生物的環境が生物に影響を及ぼすこと

　例　光・水・重力・二酸化炭素・土壌中の栄養塩類などが樹木の成長に影響を及ぼすこと

・**環境形成作用**：生物の生活が，非生物的環境に影響を及ぼすこと

　例　樹木が成長し地表が暗くなること

①**環境への適応**

・**適応**：生物の形や性質が，その環境で生活していくのに適しており，生物の生存や繁殖に役立っていること

②**生活形**　環境への適応を反映した形態

・寒冷で雪の多い地域に生育する樹木には，背丈が低く，柔軟な幹や枝をもつものがある。

　→樹木の上に雪が積もっても折れにくい。

・砂漠のように乾燥した地域に生育する植物には，根を非常に長く伸ばすものがある。

　→地中深くの水分を吸収できる。

・一年生植物：種子が発芽してから1年以内に結実して枯死する植物

・多年生植物：地下部などに養分を貯蔵しながら1年をこえて

もっと詳しく

日本では，季節によって気温や昼の長さなどが変化し，それに応じて植物が発芽，成長，開花などしていく。

生育する植物

・木本は，冬季や乾季に葉を落とすかどうかで落葉樹と常緑樹
　に分けることができる。

・木本は，葉の形状で広葉樹と針葉樹に分けることもできる。

教科書 p.167　参考　ラウンケルの生活形

・休眠芽：ある一定期間，発芽しない芽で，低温や乾燥に強い特徴をもつ。多
　くの植物は生育に不適切な冬季や乾季に成長を止め，休眠芽をつくる。

・ラウンケルの生活形：ラウンケルが行った，休眠芽の位置の違いによる植物
　の生活形の分類。熱帯では地上植物，寒帯では半地中植物や地中植物，砂漠
　では一年生植物が多い。

---

③**植生**　ある場所に生育している植物の集まり

・**相観**：植生を外から見たときの様相

・**優占種**：植生の中で，個体数が多く，背丈が高くて葉や枝の
　広がりが大きい種

・一般に，相観は優占種によって特徴づけられる。

・植生は，相観にもとづいて，森林，草原，荒原に分類される。

④**森林の階層構造**

・**階層構造**：森林の内部に見られる層状の構造

・**林冠**：森林の最上部にある葉や枝の集まり

・**林床**：森林の最下部

・階層は高さによって上から，高木層，亜高木層，低木層，草
　本からなる草本層，コケ植物などからなる地表層がある。

・林冠から林床にかけて光の強さは減少していき，林床の光の
　強さは林冠の光の強さの数%以下
　→それぞれの層では，その層における光の強さに適した植物
　　が生育している。

　例　本州中部の太平洋側などに分布する照葉樹林
　　　高木層：スダジイ，アラカシ
　　　亜高木層：高木層を形成する樹木の幼木，ヤブツバキ
　　　低木層：イヌビワ，アオキ

> **テストに出る**
> 上から高木層，
> 亜高木層，低
> 木層，草本層，
> 地表層という
> 森林の階層構
> 造の名称と順
> 番を覚えてお
> こう。

⑤**光の強さとその影響**　光が強くなると光合成量は増加し，二酸化炭素の吸収量は増加する。

・**光合成速度**：単位時間あたりの光合成量
・**呼吸速度**：単位時間あたりの呼吸量
・見かけの光合成速度：光合成速度から呼吸速度を引いたもの
・光が弱くなり呼吸速度が光合成速度を上回ると，結果として二酸化炭素の放出が起こる。
・**光飽和点**：光合成速度の増加が止まったときの光の強さ。ある強さ以上の光では光合成速度は増加しなくなる。
・最大光合成速度：光飽和のときの光合成速度
・**光補償点**：呼吸速度と光合成速度が等しくなり，見かけ上，二酸化炭素の出入りがゼロになるときの光の強さ
・植物が成長するには，光補償点より強い光を必要とする。
・光の影響は，植物の種や，葉の状態によって様々である。

🐾**もっと詳しく**

光合成速度や呼吸速度における光合成量や呼吸量はCO_2の吸収・放出量で表す。

📖**テストに出る**

「光合成速度＝見かけの光合成速度＋呼吸速度」という関係を理解しておこう。

🐾**もっと詳しく**

光を強くしても光合成速度が変化しない状態を光飽和という。

教科書の整理　第5章

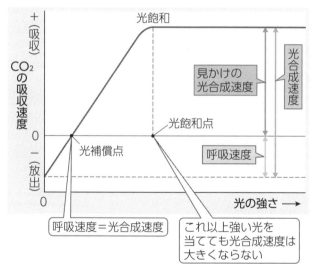

光の強さと光合成速度の関係　光の強さが0のときのCO_2の放出速度で，呼吸速度が求められる。

・**陽生植物**：日当たりのよい場所でよく成長する植物
　例　イネ，ススキ，トウモロコシ，ヤシャブシ，アカマツ
・**陰生植物**：日当たりの悪い場所で生育する植物
　例　ドクダミ，ベニシダ，スダジイ，アラカシ，アオキ

・陽生植物は最大光合成速度が大きいが，呼吸速度も大きく，光補償点が高い。

　→強い光の下ではよく成長するが，弱い光の下では成長できない。

・陰生植物は最大光合成速度が小さいが，呼吸速度も小さく，光補償点が低い。

　→弱い光の下でも成長できる。

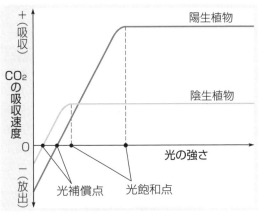

陽生植物と陰生植物の光合成

・**陽樹**：陽生植物の樹木

・**陰樹**：幼木のうちは陰生植物の性質をもち暗い環境で生育し，樹高が高くなると強い光の下でよく成長する樹木

⑥**森林の土壌**　森林の土壌は発達している。

・**土壌**：岩石が風化したものと，落葉・落枝などが分解されてできた有機物から形成される。

・**落葉層**：落葉・落枝で覆われた地表面の層

・**腐植層**：落葉層の下の黒褐色の層

　・腐植層は落葉・落枝が土壌動物や微生物によって分解されてできた有機物によって形成される。

　・腐植層には栄養塩類が多く含まれる。

・**岩石が風化した層**：腐植層の下の有機物の少ない層

・**母岩**：岩石が風化した層の下の，風化前の岩石

・熱帯では気温が高いために微生物の活動が活発で，落葉・落枝や腐植層の有機物は急速に分解される。

→落葉層や腐植層の厚さは薄い。

・団粒構造：有機物に富む土壌で，風化した細かい岩石と腐植がまとまった粒状の構造

　・保水力が高く，すきまが多いので通気性が高い。

　・根は，団粒構造の発達した層でよく成長する。

　　→水や栄養塩類の吸収が容易に行えるうえに，根の呼吸にも都合がよいため

B　植生の遷移

①**遷移の過程**　植生を構成する植物種や植生の相観は変化していく。

・**遷移**：時間の経過とともに，ある場所の植生が変化していくこと

・**一次遷移**：土壌や種子などがない場所(火山の噴火によって溶岩や火山灰などで覆われた裸地，海洋に新しくできた島，新しくできた湖沼など)から始まる遷移

・**二次遷移**：森林の伐採や山火事などによって植生が破壊され，土壌中に有機物・種子・地下茎などが残っている場所から始まる遷移

②**一次遷移**　例えば火山の噴火後の溶岩が冷えてできた跡地から始まる。

・地表は乾燥し，土壌も形成されておらず，植物の種子などもない。

　→やがて地衣類やコケ植物がまばらに生育してくる。

・**先駆種(パイオニア種)**：遷移の初期に生活を始める種

・**荒原**：環境が厳しく，植物がまばらに生えるだけで，植物が地表を覆う割合が少ない場所

・**草原**：徐々に地中の有機物や水分が増加して，土壌の形成が進んでくると，イタドリやススキなどの多年生草本が侵入し，定着することで荒原は草原になる。

→草原にヤシャブシなどの陽樹が侵入し，低木林が形成される。

→低木のすきまでは，アカマツなどの高木となる陽樹が成長し，高木層を形成するようになる。

→陽樹の成長によって林床に届く光量が少なくなると，光補償

もっと詳しく
菌類が藻類(光合成を行う原生生物)やシアノバクテリアと共生したものを地衣類という。

点の高い陽樹の幼木は育ちにくくなる。しかし，スダジイや
アラカシなどの光補償点の低い陰樹の幼木は，陽樹林の林床
で成長することができる。

→陰樹は陽樹にかわって高木層に葉を展開し，林冠を構成する
　ようになり，陰樹を中心とした林が成立する。

・**極相（クライマックス）**：長年にわたり植生を構成する植物種
　の組成が安定を維持するようになった状態

・極相林：極相に達した森林

・極相種：極相で多く見られる生物

・一次遷移が進行し極相に達するまでに，1000年以上を要す
　るといわれる。例としては，以下のように遷移が進行する。
　①裸地・荒原：裸地に地衣類やコケ植物などが侵入してくる
　（**例**　地衣類・コケ植物）。

→②草原：草本が侵入し，草原にかわる（**例**　イタドリ・スス
　キ）。

→③低木林：草原に陽樹が侵入して，低木林を形成する
　（**例**　ヤシャブシ）。

→④陽樹林：低木のすきまでは，高木となる陽樹が成長し，高
　木層を形成する（**例**　アカマツ）。

→⑤陽樹と陰樹の混交林：陽樹の成長によって林床に届く光量
　が少なくなると，陽樹の幼木が育ちにくくなる。陰樹の幼木
　が生き残り成長する（混交林）。

→⑥陰樹林（極相）：陰樹は陽樹にかわって高木層に葉を広げ，
　陰樹を中心とした極相林になる（**例**　スダジイ・アラカシ）。

③**遷移に伴う様々な変化**　遷移の過程では，光環境だけでなく，
　土壌環境も変化する。

・一次遷移の初期には土壌が形成されていない。

　→植物の成長に必要な窒素を含む栄養塩類（アンモニウムイ
　　オンや硝酸イオンなど）が不足することが多い。

　→栄養塩類が不足している環境では，地衣類や，根粒をもつ
　　植物が見られることが多い。

　→これらの生物は，落葉や枯死により有機物を土壌に供給す
　　る。

📖テストに出る

裸地・荒原→
草原→低木林
→陽樹林→混
交林→陰樹林
という順番と
それぞれの特
徴を覚えてお
こう。

👀もっと詳しく

落葉や落枝な
どの有機物が
土壌動物や微
生物に分解さ
れ，土壌中の
栄養塩類が増
加する。

→腐植層が厚くなるなど，土壌環境が変わっていく。

→植物は水分や栄養塩類を土壌に依存している。

→生物と非生物的環境は互いに影響を与え合っている。

発展 窒素固定　大気中の窒素分子を窒素化合物に変える働き。根粒にすんでいる細菌が，大気中の窒素を窒素化合物に変換し，植物が栄養分として利用できるため，やせた土地でも生育できる。

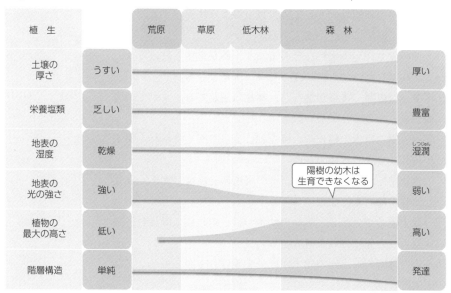

遷移に伴う変化

④**二次遷移**　森林の伐採や山火事などの跡地から始まり，その初期から土壌には，植物の成長に必要な養分が存在する。

・地下茎(地中に存在する茎)や埋土種子(発芽可能な休眠状態の種子)が残っている。

　→一次遷移よりも急速に遷移が進行する。

・一次遷移に最初に定着する草本は多年生草本であるが，二次遷移初期にはシロザなどの一年生草本のほうが多く見られる。

参考　二次林：伐採や山火事などによって森林が破壊された跡地から二次遷移が始まって生じた森林。伐採が頻繁に行われている二次林ではコナラやクヌギなどの陽樹が見られる。平地の雑木林は典型的な二次林である。

もっと詳しく

土壌がほとんどない環境でも，多年生草本は何年も生き続け，種子をつけるまで成長することができる。

⑤**乾性遷移と湿性遷移**

・乾性遷移：陸地から始まる遷移

・湿性遷移：湖沼から始まる遷移

・湖や沼は，水草などの遺骸や土砂が堆積し続けると，しだい
　に水深が浅くなり湿地となる。

　→さらに堆積が進み，乾燥して陸地化すると，草原にかわる。

　→乾性遷移と同様の過程を経て，極相に達する。

・湿性遷移の初期の例としては，以下のように進行する。

　①湖沼：湖沼に土砂が流入する。

→②埋め立て作用：水草などの遺骸や土砂が堆積し続ける。

→③湿地：しだいに水深が浅くなり，湿地となる。

⑥**ギャップ更新**　遷移が進行し，極相に達しても，すべての陽
　樹がなくなることはない。

・**ギャップ**：樹木の枯死や台風などによってかく乱され，樹木
　が倒れてできる林冠の空所

・大きなギャップができると，その場所の光環境は大きく変化
　し，林床は明るくなる。

　→埋土種子が発芽し，陽樹の幼木のほうが旺盛に成長し，陰
　　樹よりも先に林冠を構成する。

　→その林床では陰樹の幼木が成長を続け，やがてギャップは
　　陰樹に置き換わっていく。

・小さなギャップの場合は，陽樹は育たず陰樹が成長しギャッ
　プを埋める。

・ギャップ更新：ギャップを中心とした森林の樹木の入れかわ
　り

・極相林には遷移の進行度合いの異なるギャップが多数存在

　→全体としては陰樹と陽樹の混在したモザイク状の林冠が見
　　られる。

　→ギャップ更新によって，部分的に遷移が繰り返される。

　→極相林でも様々な環境が生じ，様々な種類の樹木が見られ
　　る。

教科書の整理　第5章

C 遷移とバイオーム

①バイオーム

テストに出る
年平均気温・年降水量とバイオームの関係はよく出題される。

・**バイオーム**(**生物群系**)：ある地域で見られる植生と，そこにすむ動物などを含めた生物の集まり

・極相の相観によって，**森林・草原・荒原**に大別され，さらに細かく分類される。

・気温や降水量などの影響を受ける。
　→年平均気温，年降水量が似ている場所では，似たような相観のバイオームとなる。

・バイオームが草原の地域では，相観はいつまでも草原のままである。

❶**森　林**　年降水量の多い地域では，樹木が高く生育でき，遷移の結果，森林が成立する。

テストに出る
それぞれのバイオームの代表的な植物を覚えておこう。

　→熱帯・亜熱帯：**熱帯多雨林**，**亜熱帯多雨林**，雨緑樹林
　　温帯：**照葉樹林**，硬葉樹林，**夏緑樹林**
　　亜寒帯：**針葉樹林**

熱帯多雨林：熱帯のうち，降水量の多い地域(東南アジアや南アメリカ，中部アフリカ)に分布

・多様な種の常緑広葉樹が見られ，高木の樹高は70mに達することもあり，着生植物(土壌でなく，樹木や岩などに根をはる植物)やつる植物(他の植物を支えにして高いところまで伸びる植物)も多く見られる。

・林床は暗く，土壌の腐植層は薄い。

・多くのサルの仲間が森林の立体的な空間を利用して生活している。

亜熱帯多雨林：熱帯よりも年平均気温のやや低い亜熱帯で，降水量の多い地域に分布

・常緑広葉樹が優占しているが，熱帯多雨林よりも林冠が低いことが多い。

・熱帯や亜熱帯の河口付近では，ヒルギ類(干潮時に根系を地上部に出す)が優占し，マングローブといわれる植生を形成している。

・熱帯・亜熱帯多雨林の代表的な植物：フタバガキの仲間，ヒ

教科書の整理　第5章

ルギ，ヘゴ，ガジュマル

雨緑樹林：熱帯や亜熱帯のうち，雨季と乾季の明瞭な地域（南アジア・東南アジア）に多く分布

・雨季に緑葉をつけ，乾季に落葉するチークなどの落葉広葉樹が優占している。

・代表的な植物：チークの仲間

照葉樹林：温帯のうち，比較的暖かな地域（日本では本州中部以南）に分布

・葉が厚くて光沢のあるスダジイやアラカシなどの常緑広葉樹が優占している。

・代表的な植物：スダジイ，アラカシ，タブノキ，クスノキ，ヤブツバキ

硬葉樹林：温帯のうち，夏に乾燥し冬に雨の多い地中海性気候の地域に分布

・夏は日差しが強く著しく乾燥する。

→葉がかたくて小さいオリーブやコルクガシなどの耐乾性の高い種が優占している。

・代表的な植物：ゲッケイジュ，オリーブ，コルクガシ

夏緑樹林：温帯のうち，比較的冷温な地域（日本では東北地方など）に分布

・夏に葉をつけ，秋に紅葉，冬に落葉するブナやミズナラなどの落葉広葉樹が優占している。

・代表的な植物：ブナ，ミズナラ，カエデの仲間

針葉樹林：亜寒帯や亜高山帯の冬季が長く，寒さの厳しい地域（日本では北海道東北部）に分布

・スカンジナビア半島・シベリア・アラスカなどでは，トウヒ類，モミ類などの常緑針葉樹が優占している。東シベリアでは，落葉性の針葉樹も見られる。

・代表的な植物：シラビソ，エゾマツ，トウヒ，カラマツ

❷草　原　温暖であっても，年降水量が少ない地域では，樹木が高く成長できず，草原となる。

・年平均気温の高い方から**サバンナ**と**ステップ**がある。

・熱帯で乾季の長い地域にはサバンナが見られる。

もっと詳しく
照葉樹の葉の表面はクチクラ層（ろうのような物質でできている）が発達しており，葉は厚く光沢がある。

もっと詳しく
針葉樹林を構成する木本は，種の数は少ないが，針葉樹林の面積は，世界の森林面積の3分の1を占める。

・温帯で雨の少ない地域にはステップが見られる。

サバンナ：熱帯や亜熱帯のうち，森林の成立に必要な年降水量
　よりも雨量が少なく，乾季の長い地域（アフリカ大陸やオー
　ストラリア大陸など）に分布
・イネの仲間の草本が優占し，乾燥に強い木本が点在すること
　もある。
・代表的な植物：イネの仲間，アカシアの仲間，バオバブ

ステップ：温帯のうち，年降水量の少ない地域（北アメリカな
　ど）に分布
・地中に細かく絡み合った根をはるイネの仲間の草本が優占し，
　木本はほとんど見られない。
・代表的な植物：イネの仲間

❸荒　原　年降水量が極端に少ない地域には**砂漠**が見られる。
　・年平均気温が−5℃以下の寒冷な地域では降水量に関係な
　　く**ツンドラ**が見られる。
　・厳しい環境で，時間が経過しても植生が発達せず，岩や砂
　　が目立つ。

ツンドラ：寒帯で年平均気温が−5℃以下の地域に分布
・夏が短く，樹木の生育に適さないので，高木はほとんど見ら

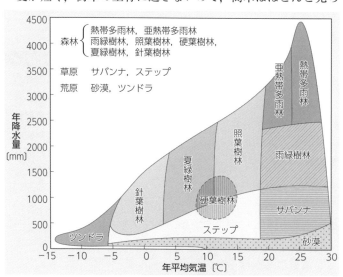

バイオームと気候

れず，地衣類やコケ植物などが優占する。

・地下には永久凍土という土壌が存在する。

・代表的な植物：地衣類，コケ植物

砂漠：熱帯や温帯のうち，年降水量が 200 mm 以下の地域に分布

・サボテンの仲間などの多肉植物や一年生草本が点在するところやほとんど植物が存在しないところがある。

・代表的な植物：サボテンの仲間

バイオームと降水量や気温との関係は，以下のようになる。

・降水量が豊富な地域：年平均気温の低い方から，ツンドラ，針葉樹林，夏緑樹林，照葉樹林，亜熱帯多雨林，熱帯多雨林が見られる。

・年平均気温が高い地域：年降水量の少ない方から，砂漠，サバンナ，雨緑樹林，熱帯多雨林が見られる。

D 日本のバイオーム

・日本は年降水量が多いため，主なバイオームは森林であり，どのような森林になるかは年平均気温によって決まる。

・日本列島は南北に長いだけでなく，標高の違いも著しい。

　→気温が多様で，緯度だけでなく，標高の気温の違いに沿っても異なる分布をしている。

・**水平分布**：緯度の違いによって生じる水平方向のバイオームの分布

・**垂直分布**：標高の違いによって生じる垂直方向のバイオームの分布

①**水平分布**　緯度が高い地方は寒冷であり，緯度が低い地方は温暖である。低地で見ると，次のようになる。

・北海道北東域：針葉樹林（トドマツ，エゾマツなど）

・北海道南部から東北地方：夏緑樹林（ブナ，ミズナラ，カエデ類など）

・関東地方から屋久島：照葉樹林（シイ類，カシ類，タブノキ，ヤブツバキ，クスノキなど）

・屋久島より南の島々：亜熱帯多雨林（ガジュマル，木生シダのヘゴなど），南西諸島の河口域では，ヒルギ類などからな

📝**テストに出る**

緯度による水平分布，標高による垂直分布と覚えておこう。

👀**もっと詳しく**

北海道の針葉樹林の一部には，針葉樹に落葉広葉樹の混じった混交林が見られる。

るマングローブが広がっている。

②**垂直分布** 一般に，気温は，高度が 1000 m 増すごとに 5〜6 ℃低下する。

→山岳地帯では標高によってバイオームが異なる。

・標高の低い方から丘陵帯，山地帯，亜高山帯，高山帯に分けられる。

・日本の本州中央部での垂直分布は以下のようになっている。

　・丘陵帯：標高 700 m 付近まで。照葉樹林(シイ類，カシ類など)が見られる。

　・山地帯：標高 700〜1500 m 付近まで。夏緑樹林(ブナ，ミズナラなど)が見られる。

　・亜高山帯：標高 1500〜2500 m 付近まで。針葉樹林(シラビソ，コメツガなど)が見られる。

・**森林限界**：亜高山帯の上限。そこから上には森林が見られない。

・高山帯：森林限界をこえた標高のところ。ハイマツ，シャクナゲ類の低木林や高山植物が見られ，夏にはお花畑といわれる高山草原が広がる。本州中部の高山帯には，オコジョやライチョウなどの動物が生息する。

教科書 p.191 **参考 暖かさの指数と植物の分布**

　暖かさの指数を使うと，日本のような降水量の多い地域において，気温と植生の分布をうまく表現することができる。

・暖かさの指数(WI)：月の平均気温が 5℃以上の月について，その月の平均気温から 5 を引いた数値を求め，それを 1 年を通して合計したもの(積算したもの)

　→5℃は，植物が光合成などの機能を発揮できる最低の温度として，経験的に決められた数字

　針葉樹林…$15 < WI \leqq 45$ に分布

　夏緑樹林…$45 < WI \leqq 85$ に分布

　照葉樹林…$85 < WI \leqq 180$ に分布

　亜熱帯多雨林…$180 < WI \leqq 240$ に分布

もっと詳しく 木生シダは，茎が地上に出て，樹木の幹のようになり，樹高が高くなるシダ植物

もっと詳しく ハイマツは，幹や枝が地面をはうようにして生育するマツの一種

探究・資料学習のガイド

教科書
p.171 探究 5-1 **植生の変化は光環境や土壌をどのように変化させたか**

植物群落の遷移については，長い年月を要する現象なので実際に検証することは難しい。そこで，いろいろな時期に成立した植物群落を調査し，それらを並べかえることによって，群落の遷移の様相を推測するという方法を用いる。ここでは，噴出年代がわかっている伊豆大島の例を用いて調べる。

分析 ①

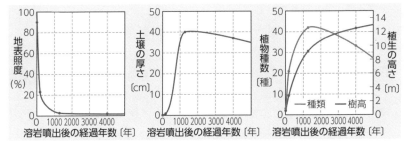

・地点アは溶岩流が流出して約10年経った火口付近で，植物がまばらに生える荒原である。噴出した細粒がくぼ地に堆積しており，地表の火山砂が風で絶えず動き，砂浜のように，植物の発芽・生育にとって都合の悪い環境である。

・地点イは噴出後約200年経過した陽樹からなる低木林である。

・地点ウは約1300年経過した溶岩地で，かなり樹高も高い常緑樹と落葉樹との混交林である。

・地点エは噴出年代がはっきりしないが，この伊豆大島での極相林に近いものであると考えられる。

② 陽樹，低く，ふえて

考察 ① 地点ウ→エでは，植物の種数が42種から33種に減少している。また地表照度の変化は2.7％から1.8％と地表まで届く光量が少ない状態が続いている。このように地表の光が弱く，地点エでは発芽後に光が弱い場所でも育つ種のみが生き残り，成長したため，地点エの種数は地点ウより少ないと考えられる。

② 　土壌は岩石が風化したり，生物の影響を受けたりして生成される。植物が生産した有機物は落葉や枯死によって地表に落ち，それらが土壌動物や微生物によって分解されてより細かな有機物となっていく。これが長年にわたって繰り返されることで土壌中の有機物量は増加し，土壌の厚さも増していく。

③ 　裸地で最初に見られるようになる植物は，土壌のない場所でも生育できる特徴をもつ。

・ア地点(経過年数10年)に地衣類やコケ植物ではなく，草原が広がっているのはなぜなのか，考えてみよう。

・グラフを作成する際には，横軸の経過年数に注意して点を打つ。ウとエの経過年数の間が大きく空いているので，推測される傾向として緩やかな曲線でつなぐ。

・遷移の要因に注目し，どのような過程を経て植生の遷移が進行していくのかについて考えよう。

・資料の表を読み解き，照度，土壌の厚さ，種数の変化についてグラフ化し，対話文中の空欄に入る語句を考えよう。

・資料と分析に基づいて，遷移の要因を見出し，植生と環境はどう変化していくかについて合理的に推論しよう。

・伊豆大島では照葉樹の森林が極相として成立するが，遷移の進み方はモデル的な過程をたどるとは限らず，遷移の結果成立する植生は環境に応じて異なる。ここでは光環境の変化や土壌環境の変化と植物の特性の関連性に注目させて考察すること。

・火山が多い日本では，桜島や有珠山など多くの火山で，遷移の過程の推測について研究されている。

教科書 p.177　🧪 **探究 5-2　気候が異なると極相はどのように変わるのだろうか**

┃分析┃ (a)6 または 7，(b)12，(c)12，(d)12，(e)9，(f)10
　　地点ア：②，地点イ：①，地点ウ：④，地点エ：③

┃考察┃ 気温，降水量，森林，草原
　　・資料のポイントは以下のとおりである。
　　　地点ア：冬と夏で温度の変化がみられるが，高緯度で年平均気温が0℃を下回る月が見られる。

地点イ：冬と夏で温度や降水量の変化がみられるが，地点アに比べて平均気温が高い。

地点ウ：一年を通して高温だが，降水量が少ない。

地点エ：一年を通して高温で，年間を通して降水量が多い。

・分析における写真のバイオームと場所は以下のとおりである。

地点ア：写真②針葉樹林（日本・北海道）

地点イ：写真①照葉樹林（日本・宮崎）

地点ウ：写真④サバンナ（ベナン・カンディ）

地点エ：写真③熱帯多雨林（ブルネイ・バンダルスリブガワン）

・地点アと地点イを比較すると，年平均気温に大きな違いがある。温暖化により平均気温が上昇すると，植生が変化する可能性が指摘されている。

・地点ウと地点エを比較すると，年平均気温はあまり変わらないが，降水量が大きく異なる。降水量が少ないと樹木は巨木に成長することができない。

・遷移が進めばどんな場所でも森林になるのか，地球温暖化が進むと，この辺りの気候や植生はどうなるのかについても考えてみよう。

問のガイド

教科書 p.169 問1

次の式の，□の中に，＜，＞，＝，＋，－の記号のうち1つを入れなさい。

① 光合成速度 ＝ 呼吸速度 □ 見かけの光合成速度

② 光補償点では，呼吸速度 □ 光合成速度

③ 陰生植物の光補償点 □ 陽生植物の光補償点

答 ①＋ ②＝ ③＜

教科書 p.175 問2

一次遷移の初期と，二次遷移の初期の違いは何か。

答 一次遷移の初期には土壌がない。二次遷移の初期には土壌があり，地下茎や埋土種子などがある。

考えようのガイド

教科書 **p.176**　**考えよう** 極相林の中にも，陰樹だけでなく陽樹がところどころに見られるのはなぜか説明しよう。

答 大きなギャップが生じると，林床が明るくなり，陽樹が育つため

教科書 **p.180**　**考えよう** ①つる植物は，熱帯多雨林に多い。他の植物に比べて有利な点は何か。②熱帯多雨林の腐植層が薄いのはなぜか。

答 ①丈夫な木の幹をつくったりそれを維持するためのエネルギーを使わなくても，日光の当たる高い場所に葉を広げることができる点

②熱帯多雨林では気温が高いため細菌・菌類などが活発に有機物を分解するため

教科書 **p.184**　**考えよう｜探究問題** 冬季の光の量では葉の呼吸量が光合成量を上回るから落葉するという仮説を立てた。この仮説の欠点をバイオームの分布をもとに考えよう。

答 夏緑樹林よりも高緯度地方には常緑針葉樹林が広がっている。冬における光の量は常緑針葉樹林の方が夏緑樹林よりも少ない。したがって，冬に光の量が少ないからといって落葉させることのメリットはなさそうである。日本の冷温帯より寒冷な場所において，被子植物は冬に葉をつけておくことはできない。それは凍結した道管に気泡が入り，氷が溶けた後に残る気泡が水の移動を阻害するため，葉が強い水ストレスを受けてしまうからである。これを凍結融解によるエンボリズムという。一方，裸子植物の仮道管にはエンボリズムが起きないため，寒冷地には常緑針葉樹が分布する。したがって，冷温帯よりも寒冷な場所での，被子植物の落葉の意味は，冬期の水ストレスを避けるためである。

第6章　生態系とその保全

教科書の整理

第①節　生態系と生物の多様性　　教科書 p.192〜203

A　生態系における生物どうしのつながり

・**生態系**：生物の集団とそれを取り巻く非生物的環境を1つの まとまりとしてとらえたもの

・生態系を構成する生物は，大きく**生産者**と**消費者**に分けられる。

・**生産者**：光合成を行って無機物から有機物を合成する植物や藻類などの独立栄養生物

・**消費者**：他の生物から有機物を得る従属栄養生物。動物や多くの細菌・菌類など

・**分解者**：消費者のうち，多くの細菌・菌類などのように，生物の遺骸やふんなどに含まれる有機物を無機物に分解する生物

①**生物多様性**　環境への適応の仕方などの違いによって，生物は多様に進化してきた。

・**生物多様性**：ある生態系を構成する生物の多様性

・**種多様性**：生物多様性の中で，その生態系を構成する生物の種の多様さ

> **⚠ここに注意**
> 分解者には，細菌・菌類以外に，有機物の分解にかかわるダンゴムシなどの土壌動物も含まれる。

教科書 p.194　発展　生物多様性

・生物多様性は，種の多様性，種内での遺伝的多様性，生態系の多様性の3つの視点で考えることができる。

・**種多様性**：生息地の環境によって大きく異なる。例えば，熱帯多雨林ではそこにすむ種の数が非常に多く，砂漠や南極では種の数は少ない。

・**遺伝的多様性**：同じ種内の遺伝子の多様性。同種でも，個体間で，遺伝子の塩基配列が全く同じというわけではない。塩基配列の少し異なる遺伝子がいくつもあり，それが形質に現れ，様々な個体が生じる。

・**生態系多様性**：異なる環境に，それぞれ異なる生態系が成立していること。

地球上には様々な気候があり，同じ気候でも山地や湿地など，様々な環境がある。

・生物多様性は，人間の活動で変化し，損なわれる場合がある。生態系の保全を考える場合，生物多様性のこの3つの視点から考える必要がある。

②食物網

・**食物連鎖**：生態系の中で生きている生物間にある，食う－食われるという関係が次々とつながっていくこと

・**食物網**：実際の生態系で見られる，複雑な網目状の食物連鎖の関係

　→実際の生態系では，ある生物は何種類もの生物を食べるため

・生態系では，食物網に伴う物質の循環やエネルギーの流れを通して，すべての生物と環境とがつながっている。

> **テストに出る**
> 炭素や窒素のような物質は循環するが，エネルギーは循環しない理由を理解しておこう。

教科書の整理　第6章

教科書
p.196　発展　**エネルギーの流れと物質循環**

●エネルギーの流れ

・太陽から地球に入射する光エネルギーは，一部が光合成によって化学エネルギーとして有機物に蓄えられる。

　→生産された有機物に含まれる化学エネルギーは，生産者に利用されたり，消費者に食べられて利用されたりする。

　→生命活動に利用された化学エネルギーは，熱エネルギーとして放出される。

・エネルギーは生態系の中で循環しない。

・生態系においては，太陽からの光エネルギーが，有機物に含まれる化学エネルギーに変換され，最終的にすべて熱エネルギーとなる。

　→熱エネルギーは生態系から出ていき，宇宙空間に放出される。

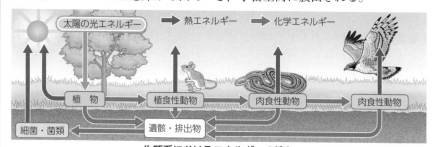

生態系におけるエネルギーの流れ

→太陽から入ってくるエネルギーと，地球から放出されるエネルギーは，ほぼ釣り合っている。

●炭素の循環

・生態系の中で，炭素・窒素・リン・硫黄などの物質は循環している。
・炭素(C)は生物を構成する有機物の主要な構成元素で，以下のように生態系を循環する。
・生物を構成する炭素のもとは，大気中の二酸化炭素(CO_2)であり，光合成によって有機物に合成される。
　→太陽の光エネルギーが化学エネルギーに変わる。
　→その有機物が生産者に利用されたり，消費者に食べられて利用されたりする。
　→生産者や消費者の呼吸によって二酸化炭素に戻る。
　→有機物の一部は遺骸・ふんとして土壌中の細菌・菌類を経て二酸化炭素に戻る。

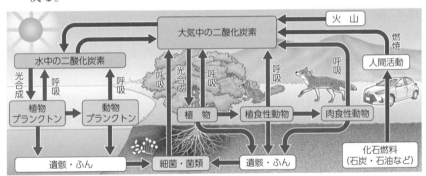
炭素の循環

●窒素の循環

・窒素(N)は，タンパク質，RNA，DNAなどの有機物に含まれている元素
・**窒素同化**：土壌中のアンモニウムイオン(NH_4^+)や硝酸イオン(NO_3^-)などの窒素を含む無機物を，植物が水とともに根から吸収し，体内でアミノ酸などの窒素を含む有機物をつくること
・窒素は，以下のように生態系を循環する。
・植物が窒素同化によりつくった有機物の一部は，動物に食べられ利用される。
　→遺骸やふんなどに含まれる窒素は，土壌中で細菌・菌類の分解によりアン

モニウムイオンとなる。

　→アンモニウムイオンは**硝化菌**（亜硝酸菌と硝酸菌）の作用で硝酸イオンとなる（**硝化**）。

　→硝酸イオンとアンモニウムイオンは，再び植物に吸収される。

・大気中の体積の約 80 ％は窒素分子（N_2）であるが，生物の多くは大気中の窒素分子を直接利用できない。

・**窒素固定**：一部の生物がもつ，大気中の窒素分子を窒素化合物に変えるしくみ

・窒素固定を行う細菌：シアノバクテリア（ネンジュモなど），マメ科植物に共生する**根粒菌**，アゾトバクターやクロストリジウムなど

・窒素固定は空中放電でも起こり，工業的にも行われる。

・**脱窒**：土壌中の窒素化合物の一部が脱窒素細菌の働きで窒素分子になり大気中に出ること

教科書の整理　第 6 章

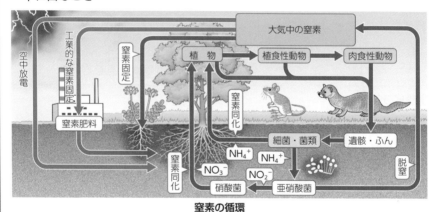

窒素の循環

③**陸上の生態系**　陸上は水中に比べて，1 日の気温差が大きい。

→生態系は，降水量によって大きく影響を受け，大きく森林，草原，荒原がある。

・森林の生産者は主に木本であり，草原の生産者は主に草本である。

④**水界の生態系**　海洋，湖沼，河川などの水界の生態系の生産者は，水中の植物プランクトンや水生の植物である。

・消費者：動物プランクトンや魚類など

・分解者：水中や水底に生活している細菌・菌類

テストに出る
窒素固定に関係する生物を覚えておこう。

・植物プランクトンは陸上の植物よりも食べられやすいため，その多くが消費者によって利用される。
・海洋や湖沼では，植物プランクトンの生活の場は，光が十分に届く表層域に限られている。
・補償深度：植物プランクトンの光合成量と呼吸量が釣り合う水深
・生産層：補償深度から水面まで
・分解層：補償深度より深い部分

もっと詳しく

光合成を行うプランクトンを植物プランクトン，行わないプランクトンを動物プランクトンという。

教科書の整理　第6章

教科書 p.198　参考　サンゴ礁の生態系

・サンゴ礁は暖かく浅い海に見られる，イソギンチャクに似た小さな動物
・無性生殖によりふえた個体が，離れずにまとまって1つの塊を形成している。
・体内には藻類が共生している。
・プランクトンを捕食して有機物を獲得するとともに，共生している藻類が光合成で生産した有機物も利用している。
・サンゴをはじめ，エビ・カニや魚類など多様な動物が生息している。

---

⑤生態ピラミッド

・**栄養段階**：生産者を出発点にした，食物連鎖の各段階
・生態系において，食う-食われるの関係に注目すると，生産者を食べる一次消費者，一次消費者を食べる二次消費者，さらに三次消費者，四次消費者というように整理できる。
・**生態ピラミッド**：個体数や生物量(単位面積に存在する生物体の量。乾燥重量などで表す)などについて，栄養段階が下位のものから順に積み重ねてできるピラミッド型
　→栄養段階の上位のものほど少なくなって，ピラミッド型になることが多い。
・個体数や生物量のピラミッドは，形が逆転することもある。
　例　1本の樹木(生産者)に多数の蛾の幼虫(消費者)がついている場合，個体数ピラミッドは逆転する。水界では，増殖の速い植物プランクトン(生産者)が，次々に動物プランクトン(消費者)に食べられ，生物量ピラミッドが逆転することがある。

教科書 p.199　**発展**　**生産速度ピラミッド**

・生産速度：単位時間あたりの生産量

・**生産速度ピラミッド**：個体数や生物量ではなくエネルギーの流れに注目したピラミッド。常に栄養段階の上位のほうが小さくなる。

→①上位の生物が下位の生物の一部だけを食べる，②食べたものの一部は消化されずに排出される，③消化されたものの一部は呼吸によって失われる，などの理由で説明される。

教科書 p.200　**発展**　**生態系における物質の収支**

生産者は光合成により有機物を生産し，消費者は摂食した有機物から新たに有機物を合成する。

●**生産者の物質収支**

・**総生産量**：生産者が一定時間に光合成によって得た全有機物量

・**純生産量**：総生産量から呼吸量を引いたもの

・**枯死量**：成長過程で枯れて落ちる量

・**被食量**：消費者に食べられる量

・**成長量**：純生産量から枯死量と被食量を引いたもの

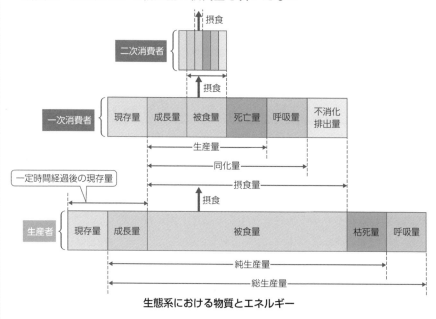

生態系における物質とエネルギー

・**現存量（バイオマス）**：ある時間における単位空間あたりの生物体の乾燥重量
・成長量は一定時間経過後の現存量の増加量を示す。

$$純生産量＝総生産量－呼吸量$$
$$成長量＝純生産量－（枯死量＋被食量）$$

●**消費者の物質収支**

・消費者は他の生物の有機物を摂食・消化し，同化して体内に蓄積する。このとき，一部の有機物が不消化のまま排出される。
・**同化量**：摂食量から不消化排出量を差し引いたもの
・**生産量**：同化量から呼吸によって失う呼吸量を差し引いたもの
・**成長量**：生産量から被食量と死亡量を差し引いたもの
・被食量は，一段上位の栄養段階にある動物の摂食量となる。

$$同化量＝摂食量－不消化排出量$$
$$生産量＝同化量－呼吸量$$
$$成長量＝生産量－（被食量＋死亡量）$$

B 種多様性と生物間の関係

①**キーストーン種**　生態系に大きな影響を及ぼす生物

・多様な生物の種が生態系を構成しており，それぞれの種の間には，食う－食われるという関係をはじめとした様々な相互関係がある。

→食物網の上位にいるたった1つの種の個体数の増減が，その生態系の種の構成を大きく変化させる場合がある。

・例えば，北アメリカの岩礁の潮間帯に生息するフジツボとイガイは，似たような固着面を求めて競い合うが，どちらかが一方的に排除されることはない。

→この潮間帯に生息しているヒトデを人為的に完全に取り除くと，生息している生物の種数は減少し，岩礁のほとんどがイガイで覆われてしまう。

→ヒトデによるイガイの捕食がなくなると，イガイがふえ，他の生物を排除してしまう。

→ヒトデの捕食がイガイの増殖を抑制することで多くの種が生息できるようになり，生態系のバランスが維持されていた。

もっと詳しく

キーストーンとは，ギリシャ・ローマ時代からあるアーチ状の石橋の最上部にある要石（かなめいし）のことである。

　　→この生態系では，ヒトデがキーストーン種だった。
・キーストーン種を人為的に取り除くと，特定の生物が急激に
　増加したり，その場所で見られなくなったりして，もとの生
　態系とは異なる生態系へと移行してしまう。
・例えば，アラスカからアリューシャン列島の北太平洋沿岸に
　は，ジャイアントケルプ（コンブの一種）が海の中で林のよう
　に多数生育し，魚類，甲殻類，貝類などにより複雑な食物網
　が形成されている。
　　→ラッコはウニの捕食者，ウニはジャイアントケルプの捕食
　　　者
　　→ある海域で人間による捕獲などでラッコが急速に減少
　　→ウニが大繁殖してジャイアントケルプを食い荒らした。
　　→ジャイアントケルプが破壊されたため，そこで生活してい
　　　た魚類や貝類などの種数や個体数が減少
　　→それらを食べていたアザラシやハクトウワシまでいなくな
　　　った。
　　→生態系のバランスが崩れて，種の多様性が失われた。この
　　　生態系では，ラッコがキーストーン種だった。
・環境が異なれば生態系を構成する種も異なるので，生態系ご
　とにキーストーン種は異なっている。
・**間接効果**：食う－食われるの関係にない生物間の影響
　・上の例では，ラッコがジャイアントケルプを直接食べてい
　　るわけではないが，ラッコがウニを食べることで，ウニの
　　個体数の大幅な増加を抑制し，間接的にジャイアントケル
　　プの個体数を維持していた。
　　→ラッコとウニの食う－食われるという直接的な関係が，別
　　　の種であるジャイアントケルプの個体数の増減に影響を与
　　　えている。
・生態系のバランスが崩れると，ある生物種が増加する一方で，
　その生態系から消滅する生物種も生じてくる。
・**絶滅**：その生物種が地球上からすべていなくなること

第❷節 生態系のバランスと保全　　教科書 p.204〜217

Ａ 生態系のバランスと変動

・生態系では，それを構成する生物も非生物的環境もすべてが常に変動している。

　→しかし，長期的な視点で見れば，変動しながらも一定の範囲内でバランスが保たれている。

・生態系を構成する生物の個体数は，様々な要因によって変動する。

　・例えば，ある生物Ｂの個体数が減少

　→生物Ｂに食べられていた生物Ｃの個体数がふえ，生物Ｂを食べていた生物Ａの個体数が減少

　→生物Ｂの個体数が再び増加

①**生態系のバランスと多様性**　一般に，生態系を構成する生物種が多様であるほど，複雑な食物網が見られ，その生態系は安定しやすい。種の多様性が低い生態系（農耕地など）では，バランスが保たれにくい。

②**かく乱**　かく乱が起こると，生態系のバランスが崩れる。

・**かく乱**（攪乱）：既存の生態系やその一部を破壊するような外的要因

　例　台風，土砂崩れ，山火事などの災害だけでなく，伐採などの人為的なもの

・生態系には復元力がある。

　→かく乱の程度が弱ければ，かく乱を受けてももとに戻る。

もっと詳しく

水田や畑などは，１種または数種の作物しか栽培されていないので，構成する植物の種数が少ない。

教科書 p.205　発展　中規模かく乱仮説

・森林の場合，中規模のかく乱によってギャップが出現し，地表面まで強い光が差し込む。ギャップでは，陰樹だけでなく陽樹や草本が生存できるようになり，種が多様になる。

・かく乱が大規模に起こると，かく乱に強い種だけが生き残ることになり，かく乱が起こらないと，競争に強い種だけが生き残ることになる。

・**中規模かく乱仮説**：種の多様性は中規模のかく乱によって最も高くなるという考え

・二次遷移：植生が失われたときに起こる復元であり，土壌や
　埋土種子が残っているために急速に進行する。
・一次遷移：土壌までも失われてしまった後で起こる復元であ
　り，二次遷移より進行は遅い。
・かく乱の程度が大きければ（火山の噴火や，人間の活動によ
　る大規模な伐採など），もとの生態系には戻らず，別の生態
　系となる。
③**人間活動と生態系**　産業革命以降，人間活動が地球規模に拡
　大し，森林・河川・海などの生態系へ大きな影響を与えてい
　る。
・森林生態系は，地球の生態系の中で，単位面積あたりの生物
　量が最も多く，生物多様性が高い。
・森林の土壌には有機物が多く蓄積され，大量の降水があって
　も森林がそれを保持し，土壌の侵食や洪水を防ぐ。
・世界の森林は，1990年には約41.28億ha（陸地の約30％）
　あったが，2000年には約40.56億ha，2015年には約39.99
　億haと減少している。
　　→過度の伐採，農地への転用，森林火災，焼畑耕作の増加な
　　　どが原因である。
　　→特に熱帯地域での森林の減少の規模が大きい。
・焼畑耕作：数年の耕作後に貧栄養となった畑を休耕し，
　10〜20年くらい後に茂った森林を再び焼いて，農作物を植
　えるというもので，持続的な耕作が可能である。
　　→短期間に同じ場所で焼畑を繰り返すと，土壌中の養分が失
　　　われる。
　　→作物も育たず，森林も再生しない土地になる。
④**自然浄化**　河川や海に有機物などを含む汚水が流入するとき，
　その量が少なければ，大量の水による希釈や，微生物による
　分解などにより汚濁物が減少すること
・下水処理場では，過剰な有機物による水質汚染を防ぐために，
　大量の酸素を供給→細菌などを多く含む活性汚泥を用いて浄
　化→水を河川へ流している。

もっと詳しく
有機物による水の汚染の指標のひとつに，BOD（生化学的酸素要求量）がある。

教科書の整理　第6章

⑤**富栄養化**　河川や湖，海の栄養塩類がふえること

・農地からの肥料の流出などにより起こる。

　→プランクトンの異常な増殖が引き起こされ，淡水では水の華（アオコ）（水面が青緑色になる），海では赤潮（海面が赤褐色に変化する）が生じる。

　→死滅したプランクトンの分解による酸素の大量消費などによって，魚介類への被害が生じる。

　→水界の非生物的環境や生息する生物種の構成，個体数に著しい変化が起こり，生態系のバランスに影響を与える。

　→原因となる栄養塩類や有機物などを含む排水について，規制が行われるようになった。

・栄養塩類が少なくなっていくことも，生態系のバランスを崩すことにつながる。

　→栄養塩類が乏しいと生産者の活動が抑制され，そこに生息できる消費者の数も減ることになるため

⑥**外来生物**　本来は分布していなかった地域に，他の地域から人間によって意図的，あるいは非意図的に移入され，定着した生物

・在来生物：ある地域に古くから生息している生物

・外来生物のなかには，在来生物を捕食したり，在来生物の食物や生息場所をうばったりするものがある。

　→在来生物の個体数を激減させたり，絶滅に追いやったりする。

　→生態系のバランスを変化させてしまう。

・オオクチバスやブルーギル：釣りの対象として放流されて全国に分布を広げた。

　→琵琶湖ではこれらがホンモロコなどの在来魚を盛んに捕食し，在来魚の個体数を激減させ，地元の漁業へも影響を与えた。

　→滋賀県では，外来魚を駆除するとともに，釣り上げた外来魚の再放流を条例で禁止している。

・フイリマングース：ハブなどの駆除のために沖縄本島や奄美大島に導入された。

もっと詳しく
気温の高い夏に，閉鎖的な水域で，赤潮や水の華が発生しやすい。

もっと詳しく
ワカメやマメコガネのように，日本から海外にわたり，その地域で外来生物になった生物もある。

もっと詳しく
オオクチバスやコクチバスなどの総称がブラックバスである。

→実際はハブをほとんど捕食せず，日本固有の在来生物であるヤンバルクイナやアマミノクロウサギなどが捕食された。

→これらの個体数が減り，絶滅が心配されている。

→フイリマングースの駆除が進められている。

・ボタンウキクサ：アフリカ原産で，観賞用として導入された。

→東北地方より南の河川・池・沼に分布を広げた。

→夏に大量に繁茂して水面を覆い尽くし，光をさえぎって水中の水草を枯死させた。

→水界の生態系に大きな影響をもたらしており，各地で駆除が行われている。

参考　2005 年に，日本の自然環境に悪影響を及ぼす外来生物を特定外来生物に指定し，それらの飼育や運搬，輸入，野外へ放つ行為などを禁止する外来生物法(特定外来生物による生態系等に係る被害の防止に関する法律)が施行された。

⑦生物濃縮　特定の物質が生体内に取り込まれて，外部の環境よりも高濃度に蓄積される現象

・分解されにくく，体外へ排出されにくい物質が生物に取り込まれたときに起こる。

・有害な物質の環境中の濃度が低くても，生物濃縮により，栄養段階の上位の生物になるほど，体内の濃度が高くなり生体に悪影響を与える。

・PCB(ポリ塩化ビフェニル，絶縁体として使われた)，DDT(農薬)，有機水銀などは，水に溶けにくく脂肪に溶けやすいため，体外へ排出されにくい。

→生物濃縮が進み，ヒトを含む動物に悪影響を与え問題となった。

例　PCB は，排出された水域で高濃度に生物濃縮が進み，大きな問題になった。

→北アメリカのオンタリオ湖では，1978 年当時の植物プランクトン中の PCB 濃度は，湖水に含まれる濃度の 250 倍であった。

→植物プランクトンを食べる消費者の食物連鎖を通じて濃縮が進み，セグロカモメの卵中の PCB 濃度は湖水中の

もっと詳しく

フイリマングースは昼行性なので，夜行性のハブをあまり捕食しない。

教科書の整理　第 6 章

テストに出る

栄養段階の上位のものほど，体内に高濃度に蓄積されることを理解しておこう。

もっと詳しく

工場廃液中の有機水銀が水俣病の原因であった。

2500万倍に濃縮された。

→北極のワモンアザラシやホッキョクグマの脂肪から PCB が高濃度に検出された。

→ PCB の汚染が広範囲に広がっていることが確認された。

→ PCB の有害性が明らかになり，PCB の生産と使用が厳しく制限されている。

B 生態系の保全

①**里 山** 人里とその周辺にある農地や草地・ため池・雑木林などがまとまった一帯

・人間の継続的な働きかけ(雑木林の適度な伐採や，落葉の採取や下草刈りなど)がかく乱となり，多様な生物が生息できる環境が維持されてきた。

→農村の人口の減少などにより雑木林が放置されるようになった。

→遷移が進んで樹木が密生して林内が暗くなっており，特定の動植物しか生息できず，多様性は低下した。

②**湿地の生態系の保全** 干潟や湖沼・河川，水田・マングローブ・サンゴ礁などの様々な湿地には，特有の多様な水生生物や，それらを捕食する鳥類が多数生息している。

・特に干潟には，水によって運ばれてきた有機物を取り込んで生活している貝類やカニ類が多数生息し，水質浄化に重要な役割を果たしている。

・湿地を守るため，ラムサール条約が制定された(1971年)。

→日本では，釧路湿原，渡良瀬遊水地，琵琶湖，沖縄のサンゴ礁・マングローブなど50か所以上が条約湿地に指定されている。

→制定当時は「水鳥」の生息地としての湿地を国際的に**保全**することに重点が置かれていた。

→現在では，湿地の「保全・再生」と「ワイズユース(賢明な利用)」，これらを促進するための「交流・学習」の3つの柱が強調されている。

> **もっと詳しく**
> 砂やどろが広がっている，潮間帯(満潮時の水位と干潮時の水位の間の海岸領域)を干潟という。

> **もっと詳しく**
> 人間が湿地を活用しながら，その生態系を維持できるように湿地を守ることをワイズユースという。

③生物の多様性と生態系の保全

- **絶滅**：地球全体からその種が消失すること，ある地域でその種が消失すること
- **絶滅危惧種**：絶滅の恐れの高い生物
- 人間の活動による生息地の減少，乱獲，外来生物の定着などで，すでに絶滅している種もあれば，絶滅危惧種もある。
- **レッドリスト**：絶滅危惧種を，絶滅する危険性の程度によって分類したリスト
- **レッドデータブック**：絶滅危惧種の生育状況などをまとめた本

> **もっと詳しく**
> 2010 年名古屋市で生物多様性条約第10 回締約国会議(COP10)が開催された。

教科書 p.214　発展　個体群の絶滅

- **個体群**：ある一定の地域に生息する同じ種の個体の集まり
- 個体群の個体数が少なくなる。
  - →個体群の性比が雌雄のどちらかに偏ったり，配偶者を見つけにくくなったり，捕食者におそわれやすくなったりする。
  - →個体数はさらに減少していく。
- **近交弱勢**：個体数が少なくなり個体群内の遺伝的多様性が低くなることで，環境の変化や新たな病原体に対抗できる形質の個体が現れにくくなったり，有害な遺伝子が蓄積されてその形質が出現しやすくなること
- 個体数の減少は，個体群を絶滅に向かわせる。
- **絶滅の渦**：個体数の減少→有害遺伝子の蓄積→個体群の適応度の低下→個体数のさらなる減少という悪循環

- **固有種**：その地域にしか生息していない種
- 固有種が多く，生物多様性が高く，多くの種が絶滅の危機にある地域の保全は急務である。
  - →そのような地域を保護区に指定して保全している国や地域がふえている。
  - →その地域で生活する人間への配慮や，保護区の生物種を保護しながらも利用する方策や，自然観察を行う観光事業（エコツーリズム）の推進についても考える必要がある。
- その地域の原生種を用いて植林を行うなど，破壊された生態系を復元するための取り組みも世界各地で行われている。

参考　生物多様性ホットスポット：生物多様性を重点的に守るべき地域の目安。多くの固有種がおり，かつ多くの絶滅の恐れのある野生動物（絶滅危惧種）が存在している。2017年までに36か所が選ばれている。

④**生態系サービス**　私たち人間が日々の暮らしの中で常に生態系から受けている様々な恩恵

・基盤サービス，供給サービス，調節サービス，文化的サービスの4つに大別される。

・生態系サービスは生物の多様な営みの結果として現れ，生物多様性が深く関わっている。

　→ある生物が絶滅して生態系が変化すれば，今まで受けていた生態系サービスを受けられなくなる可能性が生じる。

　→生態系サービスをこれからも持続的に受けるためには，生態系を保全して，地球上の生物多様性を保つ必要がある。

⑤**環境アセスメント**　人間は，快適な生活のために，道路を建設するなど，環境をつくりかえる。

　→開発事業が生態系に大きな影響を与えると，将来，生態系サービスを受けられなくなる可能性がある。

・**環境アセスメント**（環境影響評価）：開発事業と，生態系の保全を調和させるために生まれた制度

　・目的：大規模な開発事業の内容を決める前に，開発によって生じる生態系への影響を調査・予測・評価し，環境保全の観点から，開発事業をよりよい計画にする。

　・予想された開発と保全の調和は，抽象的になりやすい。

　　→生態系サービスなどの基礎的な情報を理解するとともに，豊かな想像力が必要となる。

・人間は自然を変えて生活してきたが，人間も生態系の一部である。

　→生活の維持のためには，生態系の中の人間という理解を深める必要がある。

もっと詳しく
多くの島々からなる日本も生物多様性ホットスポットに選定されている。

探究・資料学習のガイド

教科書 p.193　探究 6-1　**土壌にはどのような動物が生息しているのだろうか**

ガイド

方法┃【ハンドソーディング法】　採取した土壌を少量取って白いバットの中に広げ，動物を見付ける方法。小さな虫はルーペや双眼実体顕微鏡を用いて観察し，検索図を参考にして種類を同定する。

【簡易ツルグレン法】　教科書 p.193 図 a のように，落葉や腐植をネットの上に置いてその上部から電灯で照らし，乾燥を避けて下方へ落ちる土壌動物を観察する方法。小さな土壌動物も効率よく採取できる。

考察┃① 　落葉層と腐植層の厚みが，コケ植物が生えた場所では 8 mm，植え込みでは 18 mm と異なる。コケ植物が生えていることと，クロマツとヤツデが植えられていることが異なる。など。

② 　環境によって，土壌動物の種類の数，個体数には違いが見られる。生物の多様性が大きい場所，小さい場所があることがわかる。

教科書 p.201　探究 6-2　**生態系の上位の生物がいなくなるとどうなるだろうか**

ガイド

考察┃① 　対照区と実験区を比較することによって，実験区でヒトデを除去したという人為的な操作の影響を知ることができる。

② 　イガイを食べるヒトデがなくなったことにより，イガイがふえたと考えられる。

③ 　紅藻がなくなったから。

図 a より，ヒトデはイガイとフジツボを多く捕食している。そのため，ヒトデを取り除くと，捕食されなくなったイガイとフジツボが増加する。イガイとフジツボが岩場をおおうほど増加すると，紅藻が固着できなくなり，それらを食べていたヒザラガイやカサガイは，岩場からいなくなる。

④ 　ヒトデは，この岩場の生態系の食物連鎖の上位にあり，イガイを捕食することでイガイの増殖を抑制し，紅藻，ヒザラガイ，カサガイ，フジツボなどの生息を可能にしていると考えられる。

教科書
p.207 　探究 6-3　**人間の活動は生態系にどのような影響を与えるのか**

ガイド

|分析| ①　下水道普及率が上昇するに伴って，COD の値が低くなっている。

②　1999 年以降，アオコの原因プランクトンが激減している。

|考察| ①　1999 年にアオコの原因プランクトンが激減したように，排水の
流入量が一定の範囲を越えなければアオコの原因プランクトンの異常な
発生は起こりにくいと考えられる。

　湖が自然に浄化する作用をもち，排水を浄化することができるが，浄
化できる範囲を超えると，アオコが発生するのではないかと考えられる。

②　アオコが発生し，湖内に届く光の量が減少すると，水草などは，光合
成を十分に行うことができなくなるので，衰退する。溶存酸素量が減少
すると，魚類や貝類などは酸素が欠乏した状態になって，大量に死滅す
ると考えられる。それらの死骸が分解される際にさらに酸素が使われ，
悪臭も発生する。

・アオコが発生すると，水界の生態系のバランスが崩れるだけでなく，異
臭を放つ(水道水に臭いが混じることもある)，景観が損なわれる，漁獲
量が減少するなど，人間生活への被害も大きい。

・インターネットで「アオコ　○○湖」などと検索すると，アオコは諏訪
湖だけで見られる現象ではなく，身近な湖や日本の有名な湖において問
題となっていることがわかる。

p.209 教科書　🧪 探究 6-4　**人為的なかく乱は生物の多様性にどのような影響を与えるのか**

分析　① 捕獲できなくなった種数は 15 種，減少した種は 9 種。合計 24 種

② 種数の減少をもたらした。

③ 2002 年：10 個体程度，2003 年：2300 個体

④ ブルーギルやオオクチバスの駆除で，モツゴの個体数は増加した。

考察　① 産卵数：多いと予想される。

成長の速さ：速いと予想される。

摂食量：様々な種類のエサを大量に捕食すると予想される。

天敵：種類，数ともに少ないと予想される。

② オオクチバスが在来生物を捕食していたが，オオクチバスの駆除により，在来生物の個体数が増加した。

教科書 p.213	🧪探究 6-5	生息地の分断による生物の生存確率の低下を軽減するためには，どのような工夫が必要か

ガイド

┃分析┃ 95，35

┃課題┃ 以下，低，食物

┃考察┃ ①　クマが捕食していた生物や，エサや生息場所を奪い合っていた生物の個体数がふえると予想される。

②生息地の分断を避ける。

問のガイド

p.211
問 1

生物濃縮により，体に最も被害を受けるのはどのような生物だろうか。

🅰 栄養段階の上位の生物

考えようのガイド

教科書
p.196

🔍**考えよう｜探究問題**　植物由来のエタノールを燃やす場合と，石油を燃やす場合とでは，大気中の二酸化炭素の量の増減に与える影響は，どのように違うかを考えよう。

🅰 石油は地中に埋まっており，それを掘り出し，燃やして使う。そのため，大気中の二酸化炭素を増加させる。植物由来のエタノールとは，植物による光合成産物をもとにつくったエタノールで，バイオエタノールやバイオマスエタノールなどともいわれている。バイオエタノールは，太陽の光エネルギーを使って大気中の二酸化炭素を固定した光合成産物を用いてつくる。再生可能なエネルギーであるため，大気中の二酸化炭素の量の増減に与える影響はないと考えられる。しかし，バイオエタノールをつくるために，食物となるトウモロコシなどを使っていたり，食物となる作物を耕作する代わりにエタノール用の作物を栽培することになるため，食糧の生産量を減らすことになるという問題点も抱えている。

教科書
p.197

🔍**考えよう**　「雷の多い年は豊作だ」といわれている。図cからその理由を説明しよう。

🅰 雷により大気中の窒素が固定されそれが雨とともに地表に降り，植物がそれを窒素同化するため，雷の多い年は作物の収量が多くなると考えられる。夏に雷の多い年は晴天が多いということも重要である。

考えようのガイド　第６章

教科書
p.204

🔲**考えよう** 生態系を構成する生物の個体数に影響を及ぼす要因は，捕食者や被食者の個体数の他にどのようなものがあるか。

答気温や雨量は個体数に影響を及ぼしている。平年より暑い夏，寒い冬がくれば，個体数が減ってしまうだろう。雨が降らない日が続いたり，雨が降り続いたりすれば個体数に影響を与えるだろう。

個体数が多くなれば，排泄物が増加したり，食物をうばいあうことによるストレス，病気が流行したりするなどして，個体数減少の原因になる。個体数が少なくなれば，個体間の競争が緩和されて個体数増加の原因になるだろう。

しかし，「個体数が一定の範囲で周期的に変動する」ことを説明する，このような仮説は多数提唱されてはいるが，完全に検証されているというわけではないようである。

また，個体数の変動には，そのような安定的な変動だけではなく，大量に発生するような例も知られている。アオコや赤潮などもその例であり，農作物に影響を与えるバッタが大量に発生することもある。

教科書
p.216

🔲**考えよう** 湿地が提供する生態系サービスにはどのようなものがあるか，話し合ってみよう。

ポイント

湿地とは干潟や湖沼，河川，水田やマングローブ，サンゴ礁などを含む幅広い言葉である（→教科書 p.212）。ラムサール条約は，湿地の保全に関する国際条約である。湿地には様々な生物が生息し，渡り鳥なども飛来する。運ばれてきた窒素などの栄養塩類をそこにすむ生物が利用する。

答生態系サービスの視点からみると，湿地には，多様な生物の生育環境となり，植物が光合成をすることにより炭素を固定し（基盤サービス），窒素を吸収する水質浄化，降雨を一時的にためる水量調整の機能（調整サービス）があり，レクリエーションや自然観察などの観光利用もされ（文化的サービス），干潟ではノリ，アサリ，ハマグリ，カレイ，エビなどが採れる（供給サービス）。

教科書
p.217

🔲**考えよう｜社会問題** 関東地方のある河川で，かつて見られたホタルを復活させる目的で，川を浄化した。ここにホタルがたくさんいる四国地方から幼虫を

移植したところ，翌年，多数のホタルが見られるようになった。この事業に対して賛成と反対の立場に分かれて討論しよう。

答［賛成］この川は，ホタルがいたほどきれいだったのに，汚れてしまった。川を皆できれいにし，ホタルを放した。ホタルがまた戻ってこられるほどきれいになったという努力の結果を表している。これからも川をきれいに保つという意識をもつきっかけになり，生き物を守るという活動，学びからはじまり生物多様性を考えるきっかけにもなる。

［反対］この川がきれいになったことは認めるが，この川の周囲の水環境やそこで生きるホタルがいるかを調べるべきである。海で隔てられた四国からホタルをもってくるのは遺伝的に異なったホタルを放つことになる。ここの環境に昔からいたホタルと交配してしまい，遺伝的に違ったホタルができてしまう可能性もある。この地方のホタルに感染する病気をもってきてしまう可能性もある。

教科書 p.217　👫?考えよう｜社会問題　ある里山に，周囲の田や畑，ため池なども含めた一帯に工場を建て，工場の敷地内に緑地が計画されている。生物多様性の保全の観点から，この緑地をどのように設計すればよいか考えよう。

答この里山の生物を調べ，残すべき生物を決め，それらが持続的に維持できるように緑地の形と広さを計画する。確保できる緑地は，分散したものではなく大きな区画で保全したい。保全する場合はその後の手入れ，落ち葉掻き，適度な伐採，用水路の維持についても同時に検討したい。

教科書 p.239　👫?考えよう｜社会問題　遺伝情報を人為的に変更した食用の作物を開発，生産，販売することについて，賛成または反対の立場で考えよう。

答［賛成］耐寒性，対害虫性の作物を作ることによって，より多くの作物を生産することができるようになる。生命活動に必要な栄養素やビタミンなどを豊富に含む作物を生産することができる。形が良くて味の良い，消費者が望むような作物を大量に作ることができる。地球規模の人口増による食糧難へ対応することができる可能性はある。

［反対］人工的な手法によって作られた作物であるため，摂取を続けることにより生体へ悪影響を与える可能性がある。遺伝子組換え作物が管理区域外に出て野生化すると，遺伝的多様性に変化が加えられることになる。また，生態系へ影響を与える可能性がある。

教科書 **p.239**

考えよう│社会問題 ヒトを刺す蚊はメスであり，オスの蚊はヒトを刺さない。遺伝子組換えにより，オスの子しかできず，その孫もずっとオスしかできない蚊をつくり，蚊が繁栄する地域に放すという計画がある。世代を経てもこの蚊の子孫はすべてオスのため，時間が経つとその地域の蚊を絶滅させることも可能だと考えられる。このことについて，賛成または反対の立場で考えよう。

答 [賛成]蚊が媒介する病気はマラリアだけでなく多い。医療環境や下水処理の設備が整っていない地域においては大きい問題点である。蚊を撲滅させる利点は大きい。殺虫剤などを使うよりも効率的に蚊を撲滅させることのできる技術であり有用である。

[反対]蚊に対して行った遺伝子組換えの仕組み自体が他の生物に移ってしまった場合，その生物も絶滅の危険にさらすことになる。人類にその形質が移った場合は，人類の存続に関わる危険をもたらすかもしれない。

[補足]沖縄で不妊オスを使ってミバエを根絶するというプロジェクトがあり根絶に成功した。ミバエは外来生物でゴーヤなどの害虫であった。オスのミバエに放射線を当て，繁殖能力を失わせることにより，不妊のミバエをつくった。このオスは子どもを残せない。この方法は，かなりの量の不妊のオスを継続的に，適切な場所に計画的に放ち続ける必要がある。最終的に625億匹の不妊のオスを放った。問題文の，子がすべてオスしかうまれないというしくみは，ゲノム編集のしくみを使い，ゲノム編集に関連する遺伝子そのものも染色体に組換え，オス化するようなゲノム編集を，相同染色体のもう一方の染色体に生体内で行い続けるというしくみを使う。遺伝子ドライブともいわれる。このオスは不妊のオスではなく子を残すことができるのだが，残した子はすべてオスとなる。少数のこの性質をもつオスを放つだけでその地域の蚊を撲滅できるといわれており，海外では，慎重な意見も多い中でも，実用が検討されている。

部末問題のガイド

❶植生と遷移

関連：教科書 p.172〜176

次の文章を読み，下の問いに答えよ。

環境の変化に伴い[①]を構成する植物の種類が移り変わることを[②]という。土壌や[③]などがない場所で始まる[②]を[④]という。[④]の初期では，地衣類や[⑤]が侵入し，その後，草原を経て[⑥]林が形成される。林内では樹木の成長に伴って林床に届く光量が減少するため，[⑥]はやがて[⑦]にとってかわられる。[⑦]林ができると，長年にわたり植生の組成が安定する。このような森林は[⑧]といわれる。

また，地中に有機物・[③]・地下茎などが残っている場所で始まる遷移は進行が速い。このような遷移は[⑨]といわれ，山火事の後などに見られる。

(1)　文中の空欄[①]〜[⑨]に入る適切な語句を答えよ。

(2)　以下は一次遷移の各段階を示した図である。a〜fの図を，遷移の順に並べかえよ。

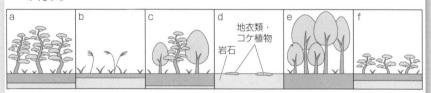

(3)　二次遷移が始まる場所として不適切なものを1つ選べ。
　　㋐　山火事跡　　㋑　火入れした草地　　㋒　溶岩が噴出した場所
　　㋓　耕作をしなくなった田

(4)　[⑧]に達した森林でも，樹木が倒れて林冠に空所が生じる場合がある。このような空所を何というか。

ポイント　(1)(2)　一次遷移は，荒原→草原→低木林→陽樹林→混交林→極相林

解き方　(1)　時間の経過ともに，植生[①]を構成する植物の種類や植生の相観が変化することを遷移[②]という。土壌や種子[③]などがない場所で始まる遷移を一次遷移[④]という。一次遷移の初期には裸地に地衣類やコケ植物[⑤]が侵入し，その後，土壌の形成が進むと，草原にかわる。やがて草原に陽樹が侵入し，低木林を経て，陽樹[⑥]林になる。陽樹の成長によって林床に届く光量が少なくなると，光補償点の高い陽樹の幼木は育ちにくくなるが，光補償点の低い陰樹[⑦]の幼木は成長できるので，やがて陰樹は陽樹にとってかわり，長年にわたって植生を構成する植物種

の組成が安定する。このような森林を極相林[⑧]という。

山火事や森林の伐採などによって植生が破壊され、土壌中に有機物・種子・地下茎などが残っている場所で始まる遷移を二次遷移[⑨]という。

(2) aは陽樹林、bは草原、cは混交林、dは荒原、eは極相林、fは低木林である。

思考力UP↑

地衣類・コケ植物だけが生育しているdは荒原、ススキのような植物が見られるbは草原、低い樹木が見られるfは低木林である。aの樹木(陽樹)はfの幼木が成長したもので、そこに陰樹の幼木が侵入したのがc、極相林となったのがeである。

(3) 二次遷移は、土壌中に有機物・種子・地下茎などが残っている場所で始まる。溶岩が噴出した場所で始まるのは一次遷移である。

(4) ギャップでは、林床が明るくなり、陽樹の幼木の方が速く成長して、陰樹より先に林冠を構成するようになる。

答 (1) ① 植生 ② 遷移 ③ 種子 ④ 一次遷移

   ⑤ コケ植物 ⑥ 陽樹 ⑦ 陰樹 ⑧ 極相林

   ⑨ 二次遷移

(2) d → b → f → a → c → e

(3) ⑦

(4) ギャップ

❷気候とバイオーム

関連：教科書p.178〜187

次の選択肢㋐〜㋔の特徴に当てはまるバイオーム名を答え，右図のA〜Jから１つずつ選べ。

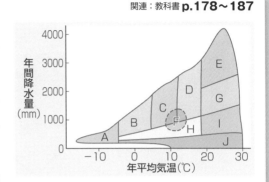

㋐　フタバガキの巨大な樹木が見られ，生物多様性が高い。

㋑　冬が長くて寒さが厳しく，トウヒやシラビソが生育する。

㋒　雨季と乾季があり，雨季にはチークの葉が茂っているが，乾季には落葉する。森林の樹種は少なく，階層も単純である。

㋓　オリーブのような常緑広葉樹が優占し，夏に乾燥する地中海沿岸に成立する。

㋔　永久凍土をもつ土壌の上をコケ植物や地衣類が覆っている。

ポイント　年降水量が十分にある地域では，年平均気温が高い方から順に，熱帯・亜熱帯多雨林（E）→照葉樹林（D）→夏緑樹林（C）→針葉樹林（B）→ツンドラ（A）へと変化する。

年平均気温が高い地域では，年降水量が多い方から順に，熱帯・亜熱帯多雨林（E）→雨緑樹林（G）→サバンナ（I）→砂漠（J）へと変化する。

解き方　Aはツンドラ，Bは針葉樹林，Cは夏緑樹林，Dは照葉樹林，Eは熱帯・亜熱帯多雨林，Fは硬葉樹林，Gは雨緑樹林，Hはステップ，Iはサバンナ，Jは砂漠である。

㋐　フタバガキは熱帯多雨林の代表的な生物種である。熱帯多雨林では，多様な種の常緑広葉樹や着生植物，つる植物などが見られる。

㋑　トウヒ，シラビソは針葉樹林の代表的な植物である。針葉樹林は，亜寒帯や亜高山帯の冬季が長く，寒さが厳しい地域に分布する。

㋒　チークは雨緑樹林の代表的な植物である。雨緑樹林は，熱帯や亜熱帯のうち，雨季と乾季が明瞭な地域に分布する。

㋓　オリーブは硬葉樹林の代表的な植物である。硬葉樹林は，温帯のうち，夏に乾燥し冬に雨の多い地中海性気候の地域に分布する。

㋔　永久凍土はツンドラの地下に存在する。ツンドラは，寒帯で平均気温

部末問題のガイド　第４部

が−5℃以下の地域に分布し，夏が短く樹木の生育に適さないので高木
はほとんど見られず，地衣類やコケ植物が優占している。

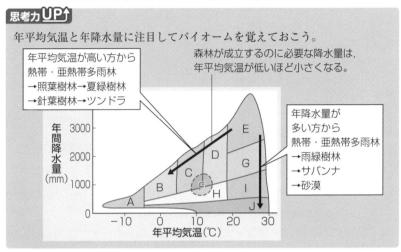

思考力UP↑

年平均気温と年降水量に注目してバイオームを覚えておこう。

年平均気温が高い方から
熱帯・亜熱帯多雨林
→照葉樹林→夏緑樹林
→針葉樹林→ツンドラ

森林が成立するのに必要な降水量は，
年平均気温が低いほど小さくなる。

年降水量が
多い方から
熱帯・亜熱帯多雨林
→雨緑樹林
→サバンナ
→砂漠

テストに出る

どのバイオームかを決める手がかりになるので，それぞれのバイオームで
見られる代表的な植物をしっかりおさえておこう。

答　㋐　熱帯多雨林，E　　㋑　針葉樹林，B　　㋒　雨緑樹林，G
㋓　硬葉樹林，F　　㋔　ツンドラ，A

❸生態系のバランス

関連：教科書 **p.205～206, 208, 214～217**

　右図は，有機物の多い汚水が川へ流入したとき，下流の水中の生物や物質がどのように変化するかを示している。

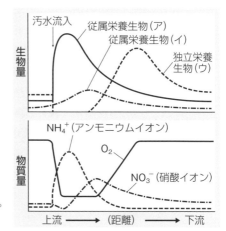

(1)　右図の(ア)～(ウ)にあてはまる生物群を次から選べ。

　　藻類，ゾウリムシなど，細菌類

(2)　汚水流入地点では NH_4^+ が増加し，O_2 が減少した。これを説明する次の文中の空欄 [①]，[②]に入る適当な語句を答えよ。

　　汚水中のタンパク質は分解者である[①]類により分解され，NH_4^+ が生じた。また，その分解には[②]が消費されるため，その量が減少した。

(3)　次の文中の空欄[③]～[⑥]に入る適切な語句を答えよ。

　　生態系を破壊するような要因を[③]という。[③]の程度が弱い場合は[④]が働き，やがて元の生態系に戻る。しかし，[③]の程度が強い場合は，元の生態系に戻らないことがある。近年，人間活動が生態系に大きな影響を与え，生態系が元に戻らない場合がある。例えば，過度な土地開発などによって，ある生物種が地球上からすべていなくなることがある。これを[⑤]という。人間が将来にわたり生態系からの恩恵を受けられるように，生態系の保全と開発を調和させることを目的として[⑥]という制度が設けられた。

ポイント

(1)(2)　河川や海に有機物などを含む汚水が流入するとき，その量が少なければ，大量の水による希釈や，微生物による分解などにより汚濁物は減少する（自然浄化）。下水処理場では，過剰な有機物による水質汚染を防ぐために，大量の酸素を供給し，細菌などを多く含む活性汚泥を用いて浄化した後に，水を河川へ流している。

(3)　かく乱の例としては，台風や土砂崩れ，山火事などの災害だけでなく，伐採などの人為的なものもある。かく乱が起こると，生態系のバランスが崩れる。

　　二次遷移は植生が失われたときに起こる復元であり，土壌や埋土種子が残っているために急速に進行する。一次遷移は土壌までも失われてしまった後で起こる復元であり，二次遷移と比べると進行は遅い。

部末問題のガイド　第４部

火山の噴火や，人間の活動による大規模な伐採などのように，かく乱の程度が大きければ，もとの生態系には戻らず，別の生態系となる。

例えば，熱帯における伝統的な焼畑耕作は，数年の耕作後に貧栄養となった畑を休耕し，10〜20年くらい後に，茂った森林を再び焼いて，農作物を植えるというものであり，持続的な耕作が可能である。しかし，短期間に同じ場所で焼畑を繰り返すと，土壌中の養分が失われて，作物も育たず，森林も再生しない土地になる。

また，農地からの肥料の流出などにより起こる富栄養化によって，プランクトンの異常な増殖が引き起こされ，淡水では水面が青緑色になる水の華（アオコ）が，海では海面が赤褐色に変化する赤潮が生じて問題となっている。こうした水界の非生物的環境や生息する生物種の構成，個体数の著しい変化は，生態系のバランスに影響を与える可能性がある。現在では，富栄養化の原因となる栄養塩類や有機物などを含む排水について規制が行われるようになっている。

解き方 (3) 既存の生態系やその一部を破壊するような外的要因をかく乱（攪乱）といい，かく乱の程度が弱ければ生態系は復元力により元に戻る。地球全体からその種が消失することも，ある地域でその種が消失することも絶滅という。道路などで生息地が分断されると，絶滅の危険性が高まる。人間の活動による生息地の減少，乱獲，外来生物の定着などで，すでに絶滅している種もあれば，絶滅の恐れの高い生物（絶滅危惧種）もある。

私たち人間が日々の暮らしの中で常に生態系から受けている様々な恩恵を生態系サービスといい，ある生物が絶滅して生態系が変化すれば，今まで受けていた生態系サービスを受けられなくなる可能性が生じる。環境アセスメント（環境影響評価）は，開発事業と，生態系の保全を調和させるため，大規模な開発事業の内容を決める前に，開発によって生じる生態系への影響を調査・予測・評価し，環境保全の観点から，開発事業をよりよい計画にすることを目的としている。

答 (1) （ア） 細菌類 　（イ） ゾウリムシなど 　（ウ） 藻類

(2) ① 細菌 　② O_2（酸素）

(3) ③ かく乱（攪乱） 　④ 復元力 　⑤ 絶滅

　　⑥ 環境アセスメント

❹思考力UP問題

関連：教科書 p.169

右図は，植物Aと植物Bについて，光の強さと CO_2 吸収速度との関係を示したグラフである。グラフの縦軸の数値は相対値である。

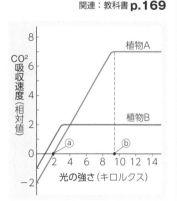

(1) 植物Aにおける@，ⓑの光の強さを何というか。

(2) 植物Bは何植物というか。また，遷移の過程ではどの段階に多く出現するか，次の⑦～㋐から2つ選び記号で答えよ。

　　⑦　草原　　　④　低木林

　　⑨　陽樹林の高木層　　　㋓　陽樹林の草本層

　　㋐　陰樹林の草本層

(3) 植物Aと植物Bの見かけの光合成速度が等しくなるのは，光の強さが何キロルクスのときか。

(4) 植物Aと植物Bの光合成速度が等しくなるのは，光の強さが何キロルクスのときか。

(5) 植物A，Bの光合成速度の最大値について，正しい関係は次の⑦～⑨のどれか。

　　⑦　植物A＜植物B　　　④　植物A＝植物Bの3倍

　　⑨　植物A＞植物Bの3倍

ポイント (1)　@は光補償点で，呼吸速度と光合成速度が等しい。ⓑは光飽和点で，光合成速度がこれ以上大きくならない。

　　　　　(3)(5)　見かけの光合成速度＝光合成速度－呼吸速度

解き方 (1)　@は呼吸速度＝光合成速度なので，見かけの光合成速度はゼロになる。

　　　　　@よりも光が弱いときは呼吸速度＞光合成速度で，植物は成長できない。

　　　　　@よりも光が強いときは呼吸速度＜光合成速度で，植物は成長できる。

　　　　　(3)(4)　図から読み取る。

　　　　　(5)　光合成速度の最大値は，植物Aは約9，植物Bは約4である。

> ⚠ **ここに注意**
>
> 光合成速度は，見かけの光合成速度(CO_2吸収速度)ではなく，それに呼吸速度(Aは2，Bは1)をたしたものになる。

答 (1)　ⓐ　光補償点　　ⓑ　光飽和点

(2)　陰生植物，㋓，㋕

(3)　4キロルクス

(4)　3キロルクス

(5)　㋑